Dr. Waltraud Haberberger

Chemie Band 1

MEDI-LEARN Skriptenreihe

7., komplett überarbeitete Auflage

MEDI-LEARN Verlag GbR

Autorin: Dr. Waltraud Haberberger
Fachlicher Beirat: Jan-Peter Reese

Teil 1 des Chemiepaketes, nur im Paket erhältlich
ISBN-13: 978-3-95658-013-0

Herausgeber:
MEDI-LEARN Verlag GbR
Dorfstraße 57, 24107 Ottendorf
Tel. 0431 78025-0, Fax 0431 78025-262
E-Mail redaktion@medi-learn.de
www.medi-learn.de

Verlagsredaktion:
Dr. Marlies Weier, Dipl.-Oek./Medizin (FH) Désirée Weber, Denise Drdacky, Jens Plasger, Sabine Behnsch, Philipp Dahm, Christine Marx, Florian Pyschny, Christian Weier

Layout und Satz:
Fritz Ramcke, Kristina Junghans,
Christian Gottschalk

Grafiken:
Dr. Günter Körtner, Irina Kart, Alexander Dospil,
Christine Marx

Illustration:
Daniel Lüdeling

Druck:
Löhnert Druck

7. Auflage 2015

Wichtiger Hinweis für alle Leser
Die Medizin ist als Naturwissenschaft ständigen Veränderungen und Neuerungen unterworfen. Sowohl die Forschung als auch klinische Erfahrungen führen dazu, dass der Wissensstand ständig erweitert wird. Dies gilt insbesondere für medikamentöse Therapie und andere Behandlungen. Alle Dosierungen oder Applikationen in diesem Buch unterliegen diesen Veränderungen.
Obwohl das MEDI-LEARN Team größte Sorgfalt in Bezug auf die Angabe von Dosierungen oder Applikationen hat walten lassen, kann es hierfür keine Gewähr übernehmen. Jeder Leser ist angehalten, durch genaue Lektüre der Beipackzettel oder Rücksprache mit einem Spezialisten zu überprüfen, ob die Dosierung oder die Applikationsdauer oder -menge zutrifft. Jede Dosierung oder Applikation erfolgt auf eigene Gefahr des Benutzers. Sollten Fehler auffallen, bitten wir dringend darum, uns darüber in Kenntnis zu setzen.

Vorwort

Liebe Leserin, lieber Leser,

zu viel Stoff und zu wenig Zeit – diese zwei Faktoren führen stets zu demselben unschönen Ergebnis: Prüfungsstress!

Was soll ich lernen? Wie soll ich lernen? Wie kann ich bis zur Prüfung noch all das verstehen, was ich bisher nicht verstanden habe? Die Antworten auf diese Fragen liegen meist im Dunkeln, die Mission Prüfungsvorbereitung erscheint vielen von vornherein unmöglich. Mit der MEDI-LEARN Skriptenreihe greifen wir dir genau bei diesen Problemen fachlich und lernstrategisch unter die Arme.

Wir helfen dir, die enorme Faktenflut des Prüfungsstoffes zu minimieren und gleichzeitig deine Bestehenschancen zu maximieren. Dazu haben unsere Autoren die bisherigen Examina (vor allem die aktuelleren) sowie mehr als 5000 Prüfungsprotokolle analysiert. Durch den Ausschluss von „exotischen", d. h. nur sehr selten gefragten Themen, und die Identifizierung immer wiederkehrender Inhalte konnte das bestehensrelevante Wissen isoliert werden. Eine didaktisch sinnvolle und nachvollziehbare Präsentation der Prüfungsinhalte sorgt für das notwendige Verständnis.

Grundsätzlich sollte deine Examensvorbereitung systematisch angegangen werden. Hier unsere Empfehlungen für die einzelnen Phasen deines Prüfungscountdowns:

Phase 1: Das Semester vor dem Physikum
Idealerweise solltest du schon jetzt mit der Erarbeitung des Lernstoffs beginnen. So stehen dir für jedes Skript im Durchschnitt drei Tage zur Verfügung. Durch themenweises Kreuzen kannst du das Gelernte fest im Gedächtnis verankern.

Phase 2: Die Zeit zwischen Vorlesungsende und Physikum
Jetzt solltest du täglich ein Skript wiederholen und parallel dazu das entsprechende Fach kreuzen. Unser „30-Tage-Lernplan" hilft dir bei der optimalen Verteilung des Lernpensums auf machbare Portionen. Den Lernplan findest du in Kurzform auf dem Lesezeichen in diesem Skript bzw. du bekommst ihn kostenlos auf unseren Internetseiten oder im Fachbuchhandel.

Phase 3: Die letzten Tage vor der Prüfung
In der heißen Phase der Vorbereitung steht das Kreuzen im Mittelpunkt (jeweils abwechselnd Tag 1 und 2 der aktuellsten Examina). Die Skripte dienen dir jetzt als Nachschlagewerke und – nach dem schriftlichen Prüfungsteil – zur Vorbereitung auf die mündliche Prüfung (siehe „Fürs Mündliche").

Weitere Tipps zur Optimierung deiner persönlichen Prüfungsvorbereitung findest du in dem Band „Lernstrategien, MC-Techniken und Prüfungsrhetorik".

Eine erfolgreiche Prüfungsvorbereitung und viel Glück für das bevorstehende Examen wünscht dir

Dein MEDI-LEARN Team

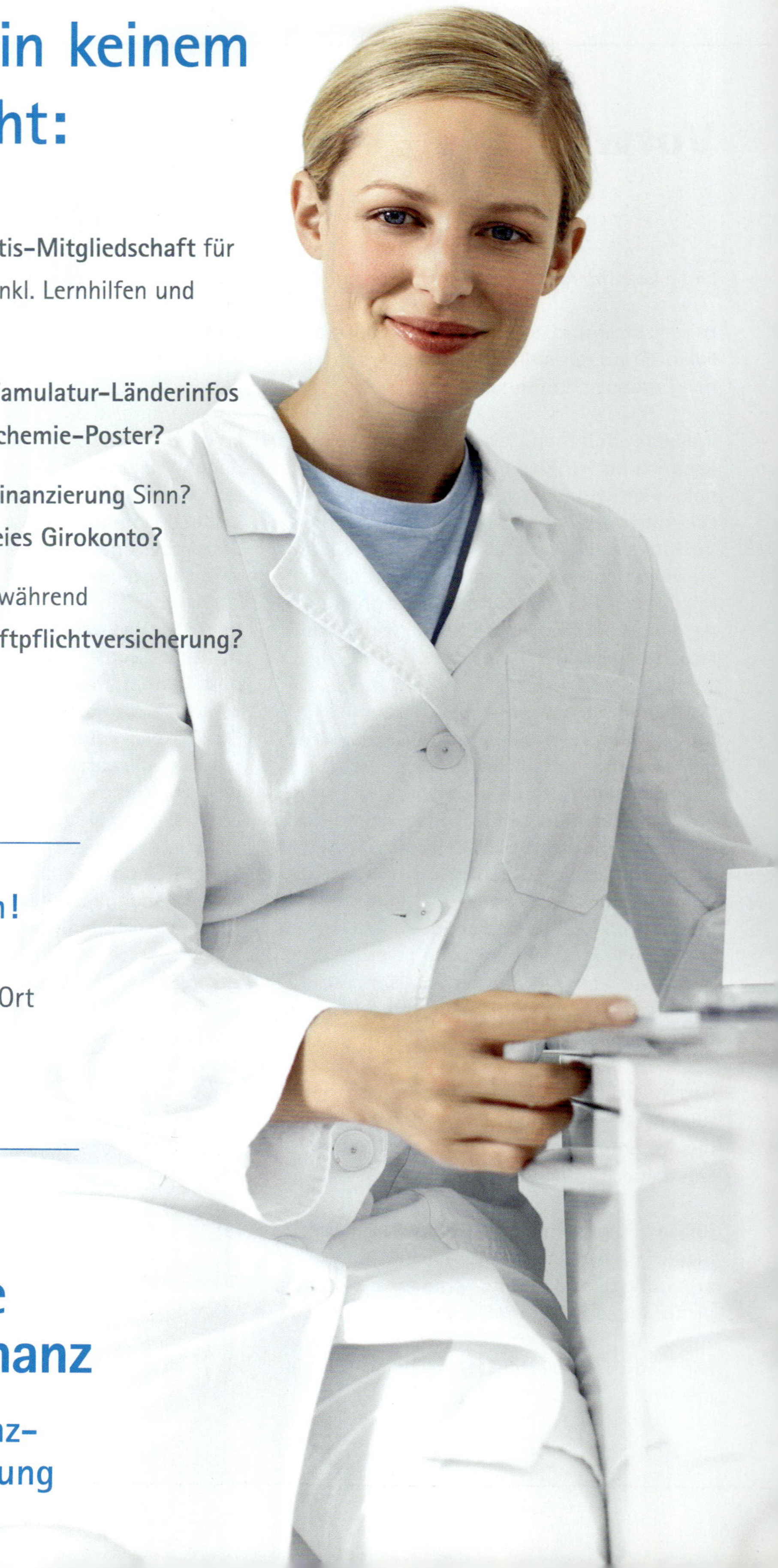

Inhalt

Deine Meinung ist gefragt!

Es ist erstaunlich, was das menschliche Gehirn an Informationen erfassen kann. Slbest wnen kilene Fleher in eenim Txet entlheatn snid, so knnsat du die eigneltchie lofnrmotian deoncnh vershteen – so wie in dsieem Text heir.

Wir heabn die Srkitpe mecrfhah sehr sogrtfältg güpreft, aber vilcheliet hat auch uesnr Girehn – so wie deenis grdaee – unbeswust Fheler übresehne. Um in der Zuuknft noch bsseer zu wrdeen, bttein wir dich dhear um deine Mtiilhfe.

Sag uns, was dir aufgefallen ist, ob wir Stolpersteine übersehen haben oder ggf. Formulierungen verbessern sollten. Darüber hinaus freuen wir uns natürlich auch über positive Rückmeldungen aus der Leserschaft.

Deine Mithilfe ist für uns sehr wertvoll und wir möchten dein Engagement belohnen: Unter allen Rückmeldungen verlosen wir einmal im Semester Fachbücher im Wert von 250 Euro. Die Gewinner werden auf der Webseite von MEDI-LEARN unter www.medi-learn.de bekannt gegeben.

Schick deine Rückmeldung einfach per E-Mail an support@medi-learn.de oder trag sie im Internet in ein spezielles Formular für Rückmeldungen ein, das du unter der folgenden Adresse findest:

www.medi-learn.de/rueckmeldungen

1 Naturwissenschaftliche Grundlagen

Fragen in den letzten 10 Examen: 2

Dieses fächerübergreifende Kapitel beschränkt sich auf die prüfungsrelevanten Aspekte der zwei Themen „Einheiten" und „chemisches Rechnen". Bei Zeitknappheit kannst du am ehesten auf den Abschnitt „Mischungskreuz" verzichten. Dreisatz und Hochzahlen werden dagegen sehr häufig gefragt und sollten unbedingt beherrscht werden. Die hier nicht aufgeführten Grundlagen sind direkt den jeweiligen Kapiteln zugeordnet.

1.1 Einheiten

In den naturwissenschaftlichen Disziplinen begegnest du häufig den dezimalen Vielfachen von Einheiten. Neben den im Alltag gebräuchlichen Einheiten wie Liter (z. B. Bier) oder Kilogramm (z. B. Körpergewicht) beschäftigt sich die Medizin vor allem mit sehr kleinen Mengen, wie Milliliter oder Mikroliter (z. B. Blut), und sehr großen Zahlen, wie 10^6 oder sogar 10^9 (z. B. Zellen).
Die Zuordnung in Tab. 1, S. 1 von Vorsilbe und Zehnerpotenz sollten daher bekannt und in der Prüfung auch parat sein:

1.2 Chemisches Rechnen

Der Exkurs in die Mathematik beschränkt sich auf die folgenden, für das schriftliche Examen relevanten Themen:
- Dreisatz,
- Kopfrechnen mit Hochzahlen und
- Mischungskreuz.

Wenn du diese drei inklusive der Grundrechenarten (Addieren, Multiplizieren etc.) beherrschst und Gleichungen auflösen kannst, bist du bereits in der glücklichen Lage, die Rechenaufgaben der Chemie fehlerfrei zu lösen.

1.2.1 Dreisatz und Hochzahlen

Diese beiden Kandidaten gehören zu den Evergreens des schriftlichen Examens und sind wichtige Grundlagen aller Naturwissenschaften. Zum sicheren Verständnis werden sie daher Schritt für Schritt erläutert.
Beginnen wir mit dem Dreisatz: Das Prinzip des Dreisatzes lässt sich wohl am besten an einem Beispiel aus dem Alltag veranschaulichen.

Vorsatz	Multiplikator	Zeichen	Beispiel
Mikro	10^{-6}	µ	µl (Mikroliter)
Milli	10^{-3}	m	mg (Milligramm)
Centi	10^{-2}	c	cm (Zentimeter)
Hekto	10^{2} (= 100)	h	hl (Hektoliter)
Kilo	10^{3} (= 1000)	k	km (Kilometer)
Mega	10^{6} (= 1 000 000)	M	MW (Megawatt)
Giga	10^{9} (= 1 000 000 000)	G	GB (Gigabyte)

Tab. 1: Dezimale Vielfache der Einheiten

Frage: Wenn 1 kg Birnen 2 € kosten, was kosten dann 2,5 kg?

Lösung mit Dreisatz:

$$\frac{1\ \text{kg}}{2\ €} = \frac{2{,}5\ \text{kg}}{x}$$

Die Gleichung wird aufgelöst nach x:

$$x = \frac{2{,}5\ \cancel{\text{kg}} \cdot 2\ €}{1\ \cancel{\text{kg}}}$$

nach dem Kürzen steht noch da:

$$x = \frac{2{,}5 \cdot 2\ €}{1}$$

was dann x = 5 € macht.

Im Physikum sehr beliebt sind diese Art von Fragen mit chemischen Substanzen statt Birnen.

Frage: Wie viel Kochsalz musst du zur Herstellung von 3 Litern einer physiologischen Kochsalzlösung (0,9 %ige NaCl-Lösung) auswiegen?

Zur Beantwortung dieser Frage muss man wissen, was sich hinter dem Ausdruck „0,9 %ig" verbirgt: 0,9 % bedeutet 0,9 g in 100 ml (da % das Symbol für Prozent ist = pro cent = pro 100).
Lösung mit Dreisatz:

$$\frac{0{,}9\ \text{g}}{100\ \text{ml}} = \frac{x}{3\ \text{l}}$$

Da zwei verschiedene Volumeneinheiten rechentechnisch unpraktisch sind, wird hier umgerechnet in Milliliter: 3 l = 3000 ml. Anschließend löst du die Gleichung nach x auf:

$$x = \frac{3000\ \text{ml} \cdot 0{,}9\ \text{g}}{100\ \text{ml}}$$

nach dem Kürzen steht da noch:

$$x = \frac{30 \cdot 0{,}9\ \text{g}}{1}$$

und das sind 27 g (und ein Punkt mehr im Physikum).

Antwort: Zur Herstellung von 3 Litern einer physiologischen Kochsalzlösung (0,9 %ige NaCl-Lösung) muss man 27 g Kochsalz auswiegen.

Zur Lösung dieser Aufgabe musstest du zusätzlich noch wissen, dass mit der Umschreibung „Kochsalzlösung mit etwa derselben Osmolarität wie der des Blutplasmas" die 0,9 %ige physiologische Kochsalzlösung mit 0,9 g NaCl pro 100 ml Wasser gemeint war.

Übrigens ...
Leidest du unter trockener Nasenschleimhaut, lässt sich zum Befeuchten der Nase eine physiologische Kochsalzlösung recht einfach selbst herstellen, indem du in abgekochtem Leitungswasser Kochsalz auflöst. Für 100 ml Lösung brauchst du dazu 0,9 g Kochsalz, da eine physiologische Kochsalzlösung ja 0,9 %ig ist. Sollst du – wie im schriftlichen Physikum – einen ganzen Liter (= 1000 ml) davon brauen, benötigst du eben 9 g.

Frage: Wie viel verdünnte Lösung ist zu injizieren, wenn die Ausgangslösung 0,1 %ig ist und der Patient 1,0 mg intravenös erhalten soll? Damit es nicht ganz so einfach ist, sollte die Ausgangslösung zuvor noch im Verhältnis 1 : 10 (= 1 ml Ausgangslösung +9 ml isotonische/physiologische Kochsalzlösung) verdünnt werden.

Antwortmöglichkeiten:
0,1 ml, 0,9 ml, 1,0 ml, 9,0 ml, 10 ml.

Jo, was nun? Zunächst solltest du bei diesen Fragen versuchen, alle Informationen herauszufiltern und die genannten Einheiten zu vereinheitlichen:
Ein Patient soll 1 mg einer Substanz erhalten. Die Ausgangslösung ist 0,1 %ig, was bedeutet, dass sich hier 0,1 g Substanz in

100 ml befinden. Rechnest du das in die Einheit Milligramm um, so enthält die Ausgangslösung 100 mg Substanz in 100 ml.

Nun zur Verdünnung: 1 ml der Ausgangslösung muss laut Frage zunächst mit 9 ml Kochsalzlösung verdünnt werden. Dazu rechnest du dir erst mal aus, wie viel Substanz in 1 ml der Ausgangslösung enthalten ist.

Lösung mit Dreisatz:

$$\frac{100\ \text{mg}}{100\ \text{ml}} = \frac{x}{1\ \text{ml}}$$

Aufgelöst nach x ergibt das: x = 1 mg und damit genau die Menge, die der Patient erhalten soll.

Doch jetzt ist Vorsicht geboten: Du sollst nämlich – laut Aufgabe – nicht die Ausgangslösung, sondern die verdünnte Lösung injizieren. Daher musst du jetzt noch die 1 ml Ausgangslösung, die ja die gesuchten 1 mg Substanz enthalten, und die 9 ml Kochsalzlösung addieren und bist erst dann bei der richtigen Lösung, die lautet:

Antwort: Dem Patienten müssen 10 ml verdünnte Lösung injiziert werden.

Jetzt wird es etwas komplizierter. Es folgt die Kombination aus Dreisatz mit Hochzahlen.

Frage: Wenn 2 Liter Lösung 10^{-3} Teilchen enthalten, wie viele Teilchen befinden sich dann in 500 µl?

Lösung mit Dreisatz:

$$\frac{2\ \text{Liter}}{10^{-3}\ \text{Teilchen}} = \frac{500\ \mu\text{l}}{x\ \text{Teilchen}}$$

Auch hier sollten zunächst die Volumeneinheiten vereinheitlicht werden:

2 Liter = 2000 ml und 500 µl = 0,5 ml.
Dann kannst du die Gleichung nach x auflösen:

$$x = \frac{0{,}5\ \cancel{\text{ml}} \cdot 10^{-3}\ \text{Teilchen}}{2000\ \cancel{\text{ml}}}$$

Nach dem Kürzen steht da:

$$x = \frac{0{,}5 \cdot 10^{-3}\ \text{Teilchen}}{2000}$$

Rechnen mit Hochzahlen:
$0{,}5 \cdot 10^{-3}$ Teilchen sollen noch durch 2000 (= $2 \cdot 10^3$) geteilt werden. An dieser Stelle musst du wissen, dass du zum Dividieren von Potenzen die Hochzahlen voneinander abziehst und die davor stehenden Zahlen durcheinander teilst.

Da $10^{-3-(+3)} = 10^{-6}$ und $\frac{0{,}5}{2} = 0{,}25$ sind, ergibt sich für

$$x = \frac{0{,}5 \cdot 10^{-3}\ \text{Teilchen}}{2 \cdot 10^3}$$

die Anzahl von $0{,}25 \cdot 10^{-6}$ Teilchen oder anders dargestellt:
$2{,}5 \cdot 10^{-7}$ Teilchen.

Entsprechend gilt, dass Potenzzahlen miteinander multipliziert werden, indem du die Hochzahlen addierst, z. B. $10^5 \cdot 10^{-7} = 10^{5+(-7)} = 10^{-2}$.
Stehen noch Zahlen vor den Potenzzahlen, so werden diese miteinander multipliziert, z. B. $(2 \cdot 10^5) \cdot (5 \cdot 10^{-7}) = 2 \cdot 5 \cdot 10^{5+(-7)} = 10 \cdot 10^{-2} = 10^{-1}$.

Soll die Wurzel aus einer Potenz gezogen werden, so wird die Hochzahl durch zwei geteilt, z. B. $\sqrt{10^8} = 10^4$

Im umgekehrten Fall potenzierst du eine Potenzzahl, indem du ihre Hochzahl mit zwei multiplizierst, z. B. $10^{-3^2} = 10^{-6}$.

1.2.2 Mischungskreuz

Das Mischungskreuz ist ein praktisches Hilfsmittel zur Berechnung von Konzentrationsangaben, z. B. beim Verdünnen von Lösungen.

Hierzu folgende Beispielaufgaben:

Frage: Wenn in einer Lösung pro Milliliter 0,25 mg eines Stoffes gelöst sind, wie viele Milliliter Lösung müssen dann mit dem Lösungsmittel gemischt werden, um nur noch 0,1 mg des Stoffes pro Milliliter zu haben? Mit anderen Worten, wie viele Milliliter Ausgangslösung müssen mit dem Lösungsmittel gemischt werden, um die Konzentration des Stoffes von 0,25 mg/ml auf 0,1 mg/ml zu senken?

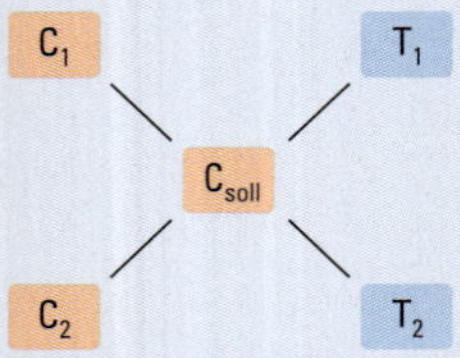

C_1 = Konzentration der Ausgangslösung
C_2 = Konzentration der Verdünnungslösung
C_{soll} = gewünschte Endkonzentration
T_1 = Volumenteil der Ausgangslösung
T_2 = Volumenteil der Verdünnungslösung

Abb. 1: Mischungskreuz

medi-learn.de/7-ch1-1

Die höhere Konzentration wird C_1, die niedrigere C_2 genannt. Anschließend werden über Kreuz die Differenzen $C_1 - C_{soll}$ und $C_{soll} - C_2$ gebildet. Ergebnis sind die zu verwendenden Volumenteile von Verdünnungs- (T_2) und Ausgangslösung (T_1).

Lösungsweg: C_1 = 0,25 mg/ml, C_2 = 0 (da es sich um reines Lösungsmittel handelt) und C_{soll} = 0,1 mg/ml.
Daher ergibt sich für $T_1 = C_{soll} - C_2$ = 0,1 Teile Ausgangslösung, $T_2 = C_1 - C_{soll}$ = 0,15 Teile Verdünnungslösung.

Setzt du die beiden Anteile in Relation zueinander, ergibt sich das Verhältnis 1 : 1,5 oder – weil ganze Zahlen bevorzugt werden – 2 : 3.
Um aus einer Lösung mit der Konzentration 2,5 mg/ml eine Lösung mit der Konzentration 0,1 mg/ml zu erhalten, musst du also 2 Teile Ausgangslösung mit 3 Teilen Lösungsmittel mischen. Da die Antwortmöglichkeiten der als Vorbild dienenden Examensfrage keine „Teile", sondern Milliliterangaben enthielten, lautete die richtige Antwort: 2 ml der Ausgangslösung müssen mit 3 ml des Lösungsmittels versetzt werden.

Als nächstes kommt ein etwas schwierigeres, dafür aber klinisch relevantes Beispiel:

Frage: Die Osmolarität einer Lösung ist dem Blutplasma isoton. Das Volumen der Lösung beträgt 0,6 L. Durch Zugabe von 60 mmol einer gut löslichen, nicht in Ionen dissoziierenden Substanz wird die Osmolarität der Lösung um etwa 0,1 osmol/L erhöht, ohne das Volumen nennenswert zu verändern. Etwa wie viel (reines) Wasser muss zu den 0,6 L gegeben werden, damit die Lösung wieder isoton wird?

Antwortmöglichkeiten:
(A) 0,1 L
(B) 0,2 L
(C) 0,3 L
(D) 0,4 L
(E) 0,5 L

Lösungsweg: Zunächst musstest du hier den Wert der Osmolarität des Blutplasmas von 0,3 osmol/L (= 300 mosmol/L) kennen und wissen, dass der Begriff isoton „gleicher osmotischer Druck" bedeutet. Da osmol/L eine Konzentrationsangabe ist, und dir die Aufgabe mitteilt, dass du als Resultat deiner Bemühungen eine isotone Lösung erhalten sollst, hast du damit C_{soll} bereits gefunden. Die Konzentration der Ausgangslösung C_1 erhältst du durch einfache Addition (das Volumen ändert sich ja nicht nennenswert): 0,3 osmol/L + 0,1 osmol/L = 0,4 osmol/L. Die Konzentration der Verdünnungslösung C_2 beträgt 0 osmol/L, da es sich um reines Wasser handelt.

Bildest du nun die Differenzen $C_{soll} - C_2$ und $C_1 - C_{soll}$, erhältst du die benötigten Volumenteile der Ausgangs- (T_1) und Verdünnungslösung (T_2):

$C_{soll} - C_2 = T_1$, mit Zahlenwerten: 0,3 - 0 = 0,3 Teile Ausgangslösung

$C_1 - C_{soll} = T_2$, mit Zahlenwerten: 0,4 - 0,3 = 0,1 Teile Verdünnungslösung

Da es in der Frage um 0,6 L Ausgangslösung geht, sind die errechneten „Teile" in diesem Fall Liter und müssen jetzt nur noch mit dem Faktor 2 multipliziert werden:

0,3 L · 2 = 0,6 L Ausgangslösung

0,1 L · 2 = 0,2 L Verdünnungslösung/Wasser

Damit war die richtige Antwort (B) gefunden.

2 Aufbau und Eigenschaften der Materie

Fragen in den letzten 10 Examen: 27

Hinter diesem – zugegebenermaßen recht trocken klingenden – Titel verbergen sich einige der wichtigsten chemischen und biochemischen Grundlagen. Mit ihrer Kenntnis ist es möglich, sich das Lernen vieler Details zu ersparen. Denn: Ist das Prinzip erst mal begriffen, lassen sich die nötigen Fakten einfach daraus ableiten.

Im Einzelnen geht es in diesem Abschnitt um
- den Aufbau eines Atoms,
- die Frage: Was ist ein chemisches Element?,
- das Periodensystem,
- den Begriff Mol und wo er überall eine Rolle spielt sowie
- die Bindungsarten innerhalb und zwischen chemischen Substanzen.

2.1 Atombau

Ein Atom besteht aus drei Arten kleinerer Teilchen. Dies sind die
- positiv geladenen Protonen,
- neutralen Neutronen und
- negativ geladenen Elektronen.

Protonen und Neutronen befinden sich im Atomkern, die Elektronen in der Atomhülle.

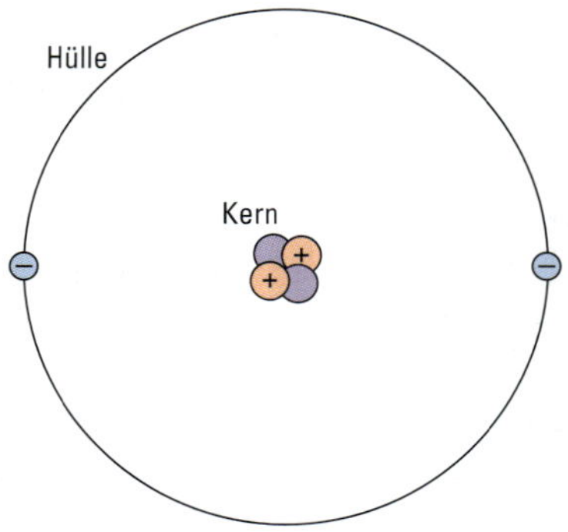

Abb. 2: Atombau Heliumatom *medi-learn.de/7-ch1-2*

Da ein Atom nach außen hin elektrisch neutral ist, hat es genauso viele Protonen im Kern wie Elektronen in der Hülle.

2.1.1 Kernladungszahl/-Ordnungszahl/ Protonenzahl

Diese drei Begriffe werden synonym verwendet. Die Zahlen geben an, wie viele Protonen – und damit positive Ladungen – sich im Atomkern befinden.

Merke!

Ein Atom und sein zugehöriges Kation oder Anion (s. 2.7.3, S. 16) haben die gleiche Anzahl an Protonen. Sie unterscheiden sich nur in der Menge der Elektronen voneinander.

2.1.2 Elektronen

In einem Atom entspricht die Ordnungszahl auch der Anzahl an Elektronen.
Jedes Elektron sucht sich einen Partner, mit dem zusammen es ein Orbital (Ort mit hoher Aufenthaltswahrscheinlichkeit für Elektronen) bezieht. Bei Atomen mit ungerader Elektronenzahl bleibt „am Ende“ ein Elektron allein in seinem Orbital sitzen. Solch ein ungepaartes Elektron ist sehr reaktionsfreudig. Daher werden Atome und Moleküle mit mindestens einem partnerlosen Elektron auch als Radikale bezeichnet. Das lässt sich ganz gut merken: Wer würde nicht radikal, wenn man ihm einfach seinen Partner wegschnappt oder er gleich gar keinen abbekommt ...
Beispiele für Radikale sind:
- Stickstoffmonoxid (NO, Substanz zur Erweiterung der Herzkranzgefäße),
- Wasserstoffatome (enthalten nur ein Elektron und das ist daher gezwungenermaßen ungepaart).

2.1.3 Neutronenzahl

Die Anzahl der Neutronen kann nach folgender Gleichung berechnet werden: Neutronenzahl = relative Atommasse – Ordnungszahl.

2.1.4 Relative Atommasse/Massenzahl

Diese zwei Begriffe werden synonym gebraucht und geben das Gewicht eines Atoms an. Der Zahlenwert ist die **Summe von Protonen und Neutronen**.
Die Elektronen sind so leicht, dass sie kaum Einfluss auf das Gesamtgewicht eines Atoms haben und daher bei der relativen Atommasse vernachlässigt werden.

Merke!

Im Gegensatz zur Atommasse mit der Einheit u, ist die relative Atommasse dimensionslos. Ihr Zahlenwert ist aber der gleiche.

2.1.5 Ruhemasse

Wird nach der Ruhemasse gefragt, so geht es ebenfalls um das Gewicht eines Teilchens. Physikumsrelevant waren bisher:

Teilchen	Ruhemasse
α-Teilchen	4
Protonen	1
Neutronen	1
Elektronen	~ 0
Positronen	~ 0

Tab. 2: Ruhemasse verschiedener Teilchen

Ein α-Teilchen ist der Atomkern eines Heliumatoms. Da Helium zu den meist gefragten Elementen gehört, solltest du dir seine Zusammensetzung merken: zwei Neutronen, zwei Protonen, zwei Elektronen (s. Abb. 2, S. 6).

Protonen und Neutronen sind die bereits vorgestellten Kernteilchen der Atome. Sie werden auch **Nukleonen** genannt.
Ein Positron ist ein Teilchen, das beim radioaktiven Zerfall eines Protons entsteht. Es hat die gleiche Ruhemasse wie ein Elektron.
Daraus ergibt sich, dass ein α-Teilchen eine höhere Ruhemasse hat als ein Proton oder Neutron und diese wiederum schwerer als ein Elektron oder Positron sind.

Übrigens ...
Wasserstoffatomkerne sind nichts anderes als Protonen. Sie spielen eine wichtige Rolle bei der Magnetresonanztomographie (MRT, Kernspinttomographie), was auch schon im Schriftlichen gefragt wurde.

α-Zerfall

Beim α-Zerfall wird die Ordnungszahl des Mutterkerns um 2 kleiner, da – wie der Name vermuten lässt – ein α-Teilchen (Atomkern eines Heliumatoms) den Kern eines anderen Atoms verlässt. Die Massenzahl verringert sich dabei um 4, da Helium ja noch über 2 gewichtige Neutronen verfügt.

2.2 Chemische Elemente

Ein Element ist ein Stoff aus Atomen gleicher Ordnungszahl/Kernladungszahl. Die symbolische Schreibweise beinhaltet ein bis zwei Buchstaben, die Ordnungszahl und die Massenzahl. Die Ordnungszahl ist tiefgestellt, die Massenzahl hoch.

Beispiel $^{13}_{6}C$
- Das C steht für das Element Kohlenstoff.
- Kohlenstoff hat **immer** die Ordnungszahl 6 und damit sechs Protonen im Kern und sechs Elektronen in seiner Hülle.
- Die Massenzahl/relative Atommasse von C kann variieren.

In diesem Beispiel ist sie 13, was besagt, dass neben den sechs Protonen noch sieben Neutronen im Kern vorkommen.
- Das Element ${}^{13}_{6}C$ enthält daher die gleiche Anzahl Neutronen im Atomkern wie beispielsweise das Element ${}^{14}_{7}N$.
- ${}^{13}_{6}C$ ist wie ${}^{12}_{6}C$ ein stabiles Isotop des Kohlenstoffs (s. 2.2.2, S. 8).

2.2.1 Nuklide

Ein Nuklid ist ein Atom(kern) mit einer bestimmten Protonen- und Neutronenzahl (bestimmten Ordnungs- und Massenzahl). Im schriftlichen Examen wird dieser Begriff häufig als Synonym für „Element" gebraucht. Sollte wieder mal gefragt werden, welches dieser Nuklide 18 Neutronen enthält:

${}^{40}_{18}Ar$, ${}^{12}_{6}C$, ${}^{35}_{17}Cl$, ${}^{19}_{9}F$, ${}^{18}_{8}O$

musst du nur wissen, dass du dir die Neutronenzahl ausrechnen kannst, indem du die Ordnungszahl von der relativen Atommasse abziehst. In diesem Fall wäre daher Cl die richtige Antwort, da 35 – 17 = 18.

2.2.2 Isotope

Verschiedene Nuklide eines Elements, also Stoffe mit identischer Ordnungszahl/Kernladungszahl, aber unterschiedlicher Neutronenzahl, nennt man Isotope. Aufgrund der einheitlichen Ordnungszahlen stehen Isotope an gleicher Stelle im Periodensystem. Sind sie elektrisch neutral, haben auch Isotope die gleiche Anzahl von Elektronen in ihren Elektronenhüllen wie Protonen im Kern (vgl. 2.1.2, S. 6). Da sich jedoch ihre Neutronenzahlen unterscheiden, weisen die Isotope eines Elements unterschiedliche Atommassen auf. Wichtige Vertreter:

Wasserstoffisotope: ${}^{1}_{1}H$, ${}^{2}_{1}H$, ${}^{3}_{1}H$,

Heliumisotope: ${}^{3}_{2}He$, ${}^{4}_{2}He$

Kohlenstoffisotope: ${}^{12}_{6}C$, ${}^{13}_{6}C$, ${}^{14}_{6}C$

Merke!

Isotope haben die gleichen Ordnungszahlen/Kernladungszahlen, aber unterschiedliche Atommassen.

Unter **Radioisotopen** versteht man die instabilen Isotope eines Elements, die spontan unter Emission radioaktiver Strahlung zerfallen. Physikumsrelevante Radioisotope sind:

Wasserstoffisotop ${}^{3}_{1}H$ (=Tritium, ein Betastrahler)

Kohlenstoffisotop ${}^{14}_{6}C$

Phosphorisotop ${}^{32}P$

Iodisotop ${}^{123}I$ und ${}^{131}I$.

Es sind also keinesfalls alle Isotope radioaktiv.

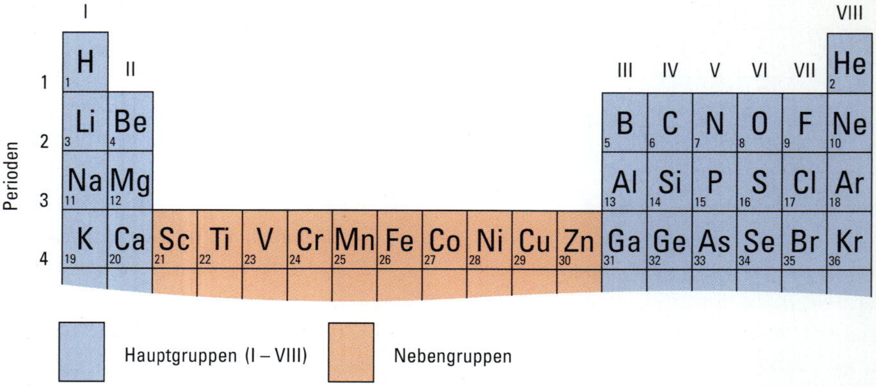

Abb. 3: Ausschnitt aus dem Periodensystem

medi-learn.de/7-ch1-3

2.3 Periodensystem der Elemente

Die Zusammenstellung der Elemente nach den Ordnungsprinzipien „Kernladungszahl" und „ähnliche chemische Eigenschaften" wird Periodensystem genannt. Im Periodensystem sind die Elemente **ohne Ausnahme** nach **steigender Kernladungszahl/Ordnungszahl** geordnet. Elemente mit ähnlichen Eigenschaften sind in Gruppen zusammengefasst (stehen untereinander). Doch auch die Perioden („Zeilen" des Periodensystems) weisen einige Gesetzmäßigkeiten auf, die das Lernen von Eigenschaften und Reaktionsmustern – das z. B. zum Verständnis der Biochemie notwendig ist – wesentlich erleichtern (s. Abb. 3, S. 8).

2.3.1 Gesetzmäßigkeiten in Perioden und (Haupt-)Gruppen

Die Elemente einer Gruppe haben alle die **gleiche Anzahl Valenzelektronen**. Unter Valenzelektronen versteht man die 1–8 Außenelektronen eines Atoms, die verantwortlich sind für die chemischen Eigenschaften eines Elements. Hierzu musst du wissen, dass sich – laut Schalenmodell – die Elektronen in der Atomhülle in Schalen befinden, die kreisförmig um den Atomkern herum angeordnet sind.

Die Periodennummer gibt dabei die Zahl der Schalen eines Elements an. Innerhalb einer Periode nimmt die **Elektronegativität** der Elemente von links nach rechts zu, innerhalb einer Gruppe von oben nach unten ab.

Der sehr wichtige Begriff **Elektronegativität (EN) beschreibt die Fähigkeit eines Atoms, Elektronen anzuziehen**. Dabei gilt: Je höher die Elektronegativität eines Atoms, desto stärker zieht es Elektronen an.

Umgekehrt verhält es sich mit dem metallischen Charakter: Je leichter ein Atom Elektronen abgeben kann, desto stärker ist sein metallischer Charakter. Diese Eigenschaft korrespondiert auch mit dem Atomradius: Je größer der Atomradius, desto stärker der metallische Charakter eines Atoms.

Insgesamt betrachtet gibt es im Periodensystem mehr Metalle als Nichtmetalle.

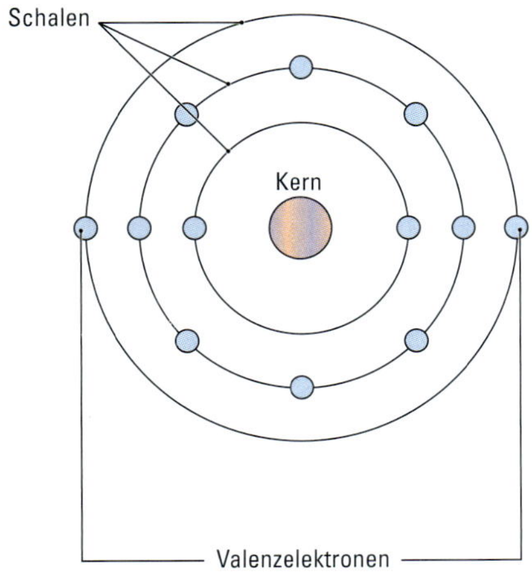

Abb. 4: Schalenmodell *medi-learn.de/7-ch1-4*

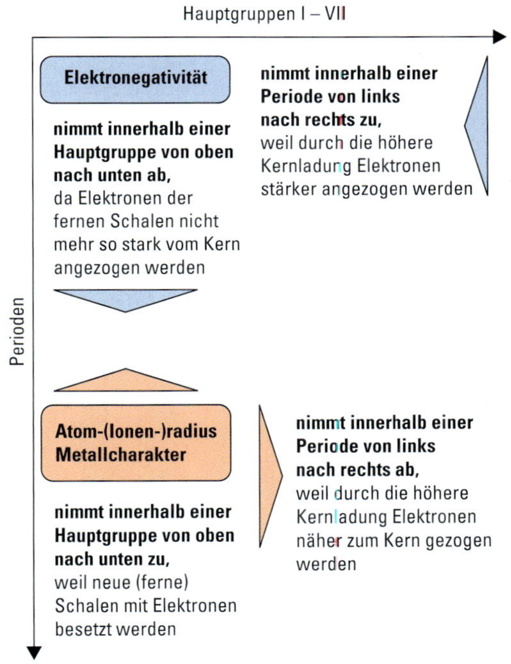

Abb. 5: Gesetzmäßigkeiten in den Perioden und (Haupt-)Gruppen *medi-learn.de/7-ch1-5*

2.3.2 Hauptgruppenelemente

Die Elemente einer Gruppe haben alle die gleiche Anzahl an Valenzelektronen/Außenelektronen und daher auch alle ähnliche chemische Eigenschaften. Von oben nach unten nimmt ihre Atommasse und ebenso ihr Atomradius zu. Die biochemisch wichtigen Hauptgruppenelemente C (= Kohlenstoff), N (= Stickstoff) und P (= Phosphor) stehen in der zweiten und dritten Periode.

Übrigens ...
Diamant, Graphit und Fulleren sind in der Natur vorkommende Stoffe, die ausschließlich aus Kohlenstoff bestehen.

Besonders oft gefragt wurden bislang folgende Elemente:

1. Hauptgruppe (Alkalimetalle): H (Wasserstoff), Na (Natrium), K (Kalium)
2. Hauptgruppe (Erdalkalimetalle): Mg (Magnesium), Ca (Calcium)
4. Hauptgruppe: C (Kohlenstoff)
5. Hauptgruppe: N (Stickstoff), P (Phosphor)
6. Hauptgruppe: O (Sauerstoff), S (Schwefel)
7. Hauptgruppe (Halogene): F (Fluor), Cl (Chlor), I (Iod)

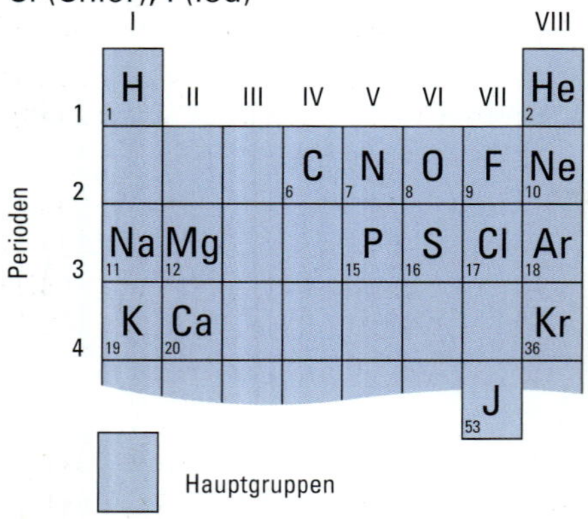

Abb. 6: Physikumsrelevante Elemente im Periodensystem

medi-learn.de/7-ch1-6

Die Ziffer der Hauptgruppe entspricht der Anzahl an Valenzelektronen, die diese Elemente haben (z. B. Phosphor steht in Gruppe V und hat somit fünf Valenzelektronen).
Von dieser Auswahl solltest du die Stellung im Periodensystem und auch innerhalb der Gruppen auswendig wissen, da dies Rückschlüsse auf chemische Eigenschaften und mögliche Reaktionsmuster sowie Atommassen und Durchmesser erlaubt. Diese Fakten werden auch in der Biochemie gefragt.

2.3.3 Nebengruppenelemente

Besonderes Kennzeichen der Nebengruppenelemente ist, dass von einem Element zum anderen **innere Elektronenschalen (d- oder f-Schalen)** aufgefüllt werden. Die äußeren Schalen wurden also schon vor den inneren besetzt. In den Hauptgruppen dagegen werden die Schalen immer von innen (kernnah) nach außen gefüllt.
An wichtigen Nebengruppenelementen solltest du dir vor allem die Metalle einprägen. Prominentester Vertreter: das Eisen (Fe). Aus den in diesem Kapitel dargestellten Gesetzmäßigkeiten lässt sich auch ableiten, welche Elemente Ionen (geladene Teilchen, z. B. Na^+, Cl^-, s. 2.7.3, S. 16) bilden (Elektronen abgeben oder aufnehmen):
Ionen bilden die randständigen Elemente, also die Mitglieder der Hauptgruppen I, II und VII sowie die Nebengruppenelemente (z. B. Fe, Zn, Co). Die übrigen Elemente (z. B. C, N, O) bilden dagegen keine Ionen.
Der Grund für die Ionenbildung ist entweder eine besonders starke Elektronegativität (VII. Hauptgruppe mit negativ geladenen Ionen) oder eine ausgesprochen schwache Elektronegativität (I., II. Hauptgruppe und Nebengruppen mit positiv geladenen Ionen). Ziel der Ionenbildung ist es, acht Valenzelektronen (acht Außenelektronen, Oktettregel 2.7.1, S. 14) zu erhalten.

2.4 Stoffmengen

Hier genügt es, dir den Zusammenhang zwischen der Avogadro-Konstante ($6{,}023 \cdot 10^{23}$) und dem Begriff **Mol** zu merken:

Merke!

Das Mol ist die Einheit der **Stoffmenge**. Definiert wird ein Mol als diejenige Menge einer Substanz, die ebenso viele Teilchen enthält, wie Atome in 12 g des Kohlenstoffisotops ^{12}C enthalten sind; das sind eben ca. $6 \cdot 10^{23}$ Teilchen (Avogadro-Konstante).

Der Begriff Mol ist eine **Mengenangabe**, vergleichbar mit dem Dutzend. Dabei ist es völlig gleichgültig, um welche Art von Teilchen es sich handelt: Atome, Ionen, Moleküle etc. Was zur Lösung von Aufgaben dieses Themengebiets beherrscht werden sollte, ist der Dreisatz und das Kopfrechnen mit Hochzahlen (s. 1.2.1, S. 1 ff).

Frage: 1 Liter einer gesättigten Bariumsulfatlösung ($BaSO_4$) enthält $4 \cdot 10^{-5}$ mol/l Ba^{2+}-Ionen. Wie viele Ba^{2+}-Ionen enthält 1 Liter der Lösung ungefähr?

Umformuliert: Wenn 1 Liter einer Lösung $4 \cdot 10^{-5}$ Mol Teilchen enthält, wie viele Teilchen (x) sind das dann? Oder anders ausgedrückt, wie viele Teilchen sind $4 \cdot 10^{-5}$ Mol?

Mögliche Antworten: 10^{-23}, 10^{-5}, 10^{19}, 10^{23}, 10^{28}

Lösung mit Dreisatz:

$$\frac{x}{4 \cdot 10^{-5}\,\text{Mol}} = \frac{6 \cdot 10^{23}}{1\,\text{Mol}}$$

Die Gleichung nach x aufgelöst

$$x = (4 \cdot 10^{-5}) \cdot (6 \cdot 10^{23})$$

Jetzt solltest du noch wissen, wie man Potenzzahlen und deren „Anhängsel" multipliziert (s. S. 3) und schon ergibt sich:

$$x = 24 \cdot 10^{-5+23}$$

und das sind $x = 24 \cdot 10^{18}$

oder besser $x = 2{,}4 \cdot 10^{19}$

(s. Antwortmöglichkeiten oben) und wieder ein Examenspunkt mehr.

Übrigens ...

Bariumsulfat ($BaSO_4$) wird in der Klinik als Kontrastmittel bei Röntgenuntersuchungen des Verdauungstrakts verwendet (Bariumbreischluck).

2.5 Konzentrationsangaben

Eng mit der Stoffmenge verbunden ist der Begriff der Konzentration. Unter der Konzentration eines Stoffes versteht man die **Menge an gelöster Substanz pro Volumen.** Das gebräuchlichste Maß hierfür ist die **Molarität (= M)**, mit der **Einheit mol/l**. Die Molarität gibt also an, wie viel Mol an gelöster Substanz in einem Liter Lösung enthalten sind.

Gängige Schreibweisen für Konzentrationsangaben sind die eckigen Klammern [Formel des Stoffes] oder c(Formel des Stoffes) = Zahlenwert.

Beispiel

- Eine Natronlauge (NaOH) mit der Konzentration 0,1 mol/l ist 0,1 molar. Schreibweisen: [NaOH] = 0,1 mol/l oder c(NaOH) = 0,1.
- Eine 0,3 M Salzsäure (HCl) enthält als Lösung 0,3 Mol H^+-Ionen sowie 0,3 Mol Cl^--Ionen und das alles in einem Liter (von z. B. Magensaft).
- 1 Liter einer Bariumsulfatlösung ($BaSO_4$) enthält $4 \cdot 10^{-5}$ mol/l Ba^{2+}-Ionen sowie $4 \cdot 10^{-5}$ mol/l SO_4^{2-}-Ionen. Die $BaSO_4$-Lösung ist dann $4 \cdot 10^{-5}$ molar etc.

Mit Hilfe von Konzentrationsangaben kann beispielsweise die Stoffmenge in einem bestimmten Volumen berechnet werden (s. 2.4, S. 10). Im Fall von Säuren und Basen entscheidet dies u. a. über den pH-Wert der Lösung (s. 3.5.2, S. 41) und der ist in vielen Bereichen der Chemie und Biochemie gefragt.

Um beim Verdünnen von Lösungen von einer vorgegebenen Ausgangs- zur gewünschten Endkonzentration zu gelangen, hilft das Mischungskreuz (s. 1.2.2, S. 4).

2.6 Stoffmassen/molare Massen

Die Massenzahl eines Atoms/Elements gibt dessen Gewicht (Atommasse) an. Da man es in der Chemie aber meist mit recht vielen Atomen eines Elements zu tun hat, werden anstelle der Atomgewichte die **Molgewichte** verwendet. Wie viel $6{,}023 \cdot 10^{23}$ Teilchen eines Stoffes wiegen, lässt sich ganz einfach aus der Massenzahl der Elemente ablesen.

Im schriftlichen Examen wurden die Massenzahlen immer in den Fragen genannt.

Beispiel
- Ein Mol Wasserstoff (H) mit der Massenzahl 1 wiegt 1 g,
- ein Mol Sauerstoff (O) mit der Massenzahl 16 wiegt 16 g und
- ein Mol Wasser (H_2O) mit den Massenzahlen H = 1 und O = 16 wiegt 18 g.

Weil Rechenaufgaben im Physikum immer beliebter zu werden scheinen, hierzu noch ein paar Beispiele:

Frage: Die relative Molekülmasse der Glucose ist etwa 180. Eine 6 %ige Glucose-Lösung (6 g Glucose/100 ml) hat somit eine Stoffmengenkonzentration von etwa ...

Antwortmöglichkeiten:
6 µmol/l, 18 mmol/l, 33 mmol/l, 60 mmol/l, 330 mmol/l.

Von der angegebenen relativen Molekülmasse der Glucose (180) lässt sich auf deren Molmasse schließen. Da die Zahlenwerte ja identisch sind, beträgt diese 180 g/mol. Gesucht wird die Konzentration der Glucose in einem Liter (s. Antwortmöglichkeiten). Die 6 %ige Glucose-Lösung enthält in einem Liter 60 g Glucose. Jetzt musst du nur noch ausrechnen, wieviel mol 60 g Glucose sind.

Lösung mit dem Dreisatz:

$$\frac{x \text{ mol}}{60 \text{ g}} = \frac{1 \text{ mol}}{180 \text{ g}}$$

aufgelöst nach x steht da:

$$x = 60 \text{ g} \cdot \frac{1 \text{ mol}}{180 \text{ g}}$$

Die Gramm lassen sich kürzen und 60 mol/180 gibt 1/3 mol. 1/3 mol sind in etwa 0,333 mol oder in mmol ausgedrückt 333 mmol und damit die Antwortmöglichkeit 330 mmol/l.

Frage: Die Glucosekonzentration im Blut eines Diabetespatienten betrage 25 mmol/l. Wie viel ist das in mg/dl? (relative Atommasse H = 1, C = 12 und O = 16)

Zur Beantwortung dieser Frage musst du die Formel von Glucose kennen (= $C_6H_{12}O_6$) und wissen, wie der Dreisatz funktioniert (s. 1.2.1, S. 1). So vorbereitet, lässt sich zunächst die molare Masse von 180 g/mol der Glucose berechnen (C_6 = 72 g + H_{12} = 12 g + O_6 = 96 g). Anschließend hilft der Dreisatz herauszubekommen, was 25 mmol Glucose wiegen.

Lösung mit dem Dreisatz:

$$\frac{180 \text{ g}}{1 \text{ mol}} = \frac{x}{25 \text{ mmol}}$$

oder besser

$$\frac{180 \text{ g}}{1000 \text{ mmol}} = \frac{x}{25 \text{ mmol}}$$

da die Einheiten ja gleich sein müssen. Nach x aufgelöst ergibt das dann:

$$x = \frac{25 \text{ mmol} \cdot 180 \text{ g}}{1000 \text{ mmol}}$$

und das sind 4,5 g.

Die Glucosekonzentration im Blut unseres Diabetespatienten beträgt also 25 mmol/l oder in Gramm ausgedrückt 4,5 g/l. Nun gilt es noch, g/l in mg/dl umzurechnen und schon hast du die Antwort:

Da 1 Liter 10 Dezilitern entspricht und 1 Gramm 1000 Milligramm, gilt:
4,5 g/l = 0,45 g/dl = 450 mg/dl

Antwort: Beträgt die Glucosekonzentration im Blut eines Diabetespatienten 25 mmol/l, so entspricht dies 450 mg/dl.

Fragen dieses Typs kamen übrigens auch schon mit Harnstoff dran. Dazu musste man nur wissen, dass Harnstoff die Formel $CO(NH_2)_2$ hat, der Rest war Dreisatz.

Frage: Das Gehirn braucht täglich ca. 120 g Glucose. Wie viel O_2 benötigt es, um diese Menge Glucose in CO_2 und H_2O umzuwandeln? (Molare Masse Glucose = 180 g/mol, molare Masse molekularer Sauerstoff = 32 g/mol.)

Antwortmöglichkeiten: 12,8 mg, 128 mg, 1,28 g, 12,8 g, 128 g.

Um diese Aufgabe zu lösen, solltest du zunächst die Reaktionsgleichung für die Oxidation von Glucose mit Sauerstoff aufstellen. Dazu musst du nur wissen, dass Glucose die Summenformel $C_6H_{12}O_6$ hat; alle übrigen Angaben finden sich in der Frage:
$C_6H_{12}O_6 + O_2 \rightarrow CO_2 + H_2O$

Lösung mit dem Dreisatz:

$$\frac{1\ \text{mol}}{180\ \text{g}} = \frac{x\ \text{mol}}{120\ \text{g}}$$

aufgelöst nach x ergibt das:
x = 0,67 mol Glucose.
Aus der selbst bilanzierten Reaktionsgleichung entnimmst du, dass zur Oxidation von 1 mol Glucose 6 mol O_2 benötigt werden.

Da wir es hier aber nur mit 0,67 mol Glucose zu tun haben, brauchen wir auch weniger O_2 und zwar genau:

$$\frac{6\ \text{mol}\ O_2}{1\ \text{mol Glucose}} = \frac{x\ \text{mol}\ O_2}{0{,}67\ \text{mol Glucose}}$$

was nach dem Kürzen der Glucose und nach x aufgelöst 4 mol O_2 ergibt.
Mit letzter Kraft gilt es jetzt noch auszurechnen, wie schwer denn diese 4 mol O_2 sind, und schon hast du wieder einen weiteren Punkt ergattert. Dazu entnimmst du die Angabe „molare Masse molekularer Sauerstoff = 32 g/mol" aus der Frage und rechnest die 4 mol O_2 mit dem Dreisatz in Gramm um:

$$\frac{32\ \text{g}}{1\ \text{mol}} = \frac{x\ \text{g}}{4\ \text{mol}}$$

Aufgelöst nach x erhältst du so 128 g und damit die richtige Lösung der Aufgabe.

Frage: Unser Körper besteht zu ca. 70 % aus Wasser, was bei einem Körpergewicht von 70 kg in etwa 50 Litern entspricht. Wie hoch ist die Konzentration eines wasserlöslichen Stoffes mit der molaren Masse 200 g/mol, wenn davon 20 mg eingenommen werden, die sich gleichmäßig im gesamten Körperwasser verteilen?

Antwortmöglichkeiten: 20 nmol/l, 2 µmol/l, 200 µmol/l, 20 mmol/l, 2 mol/l.

Hier gelingt die Lösung der Frage, wenn du den Dreisatz und das Umrechnen der Einheiten beherrschst (s. 1.2.1, S. 1).

Lösung mit dem Dreisatz:

$$\frac{1\ \text{mol}}{200\ \text{g}} = \frac{x}{20\ \text{mg}}$$

oder besser

$$\frac{1\ \text{mol}}{200\ \text{g}} = \frac{x}{0{,}02\ \text{g}}$$

aufgelöst nach x steht da:

$$x = \frac{0{,}02\ \text{g} \cdot 1\ \text{mol}}{200\ \text{g}}$$

und das ergibt 0,0001 mol oder 0,1 mmol.

Diese 0,1 mmol Substanz sind laut Aufgabe im gesamten Körperwasser mit einem Volumen von 50 Litern verteilt. Gesucht wird aber nach der Substanzmenge in 1 Liter Flüssigkeit.

Lösung mit dem Dreisatz:

$$\frac{0{,}1 \text{ mmol}}{50 \text{ l}} = \frac{x}{1 \text{ l}}$$

aufgelöst nach x steht da:

$$x = \frac{1 \text{ l} \cdot 0{,}1 \text{ mmol}}{50 \text{ l}}$$

das ergibt 0,002 mmol/l oder besser 2 µmol/l und damit die Lösung der Aufgabe.

Frage: Eine Blutprobe enthalte 10 mmol/l Eisen (Atommasse = 56 u). Wie viel Milligramm Eisen befinden sich in 10 ml der Probe?
Auch hier ist der Dreisatz (s. 1.2.1, S. 1) der Schlüssel zur richtigen Antwort.

Lösung mit dem Dreisatz:

$$\frac{10 \text{ mmol}}{1 \text{ l}} = \frac{x}{10 \text{ ml}}$$

oder besser: $$\frac{10 \text{ mmol}}{1000 \text{ ml}} = \frac{x}{10 \text{ ml}}$$

aufgelöst nach x steht da:

$$x = \frac{10 \text{ ml} \cdot 10 \text{ mmol}}{1000 \text{ ml}}$$

was 0,1 mmol Eisen in 10 ml Blut ergibt. Jetzt müssen noch die Millimol in Milligramm umgerechnet werden und schon ist ein Examenspunkt mehr geschafft. Voraussetzung dafür ist, dass du weißt, wie viel 1 mol Eisen wiegt, wenn ein Atom Eisen stolze 56 u auf die Waage bringt – das sind 56 g.

Lösung mit dem Dreisatz:

$$\frac{1 \text{ mol}}{56 \text{ g}} = \frac{0{,}1 \text{ mmol}}{x}$$

oder besser

$$\frac{1000 \text{ mmol}}{56 \text{ g}} = \frac{0{,}1 \text{ mmol}}{x}$$

aufgelöst nach x ergibt das

$$x = \frac{0{,}1 \text{ mmol} \cdot 56 \text{ g}}{1000 \text{ mmol}}$$

oder 0,0056 g, was 5,6 mg entspricht und die richtige Antwort ist.

Solche Fragen kommen auch in der Biochemie dran: So ist z. B. die molare Masse einer gesättigten Fettsäure um 2 g/mol größer als die einer ungesättigten Fettsäure der gleichen Kettenlänge (gleiche Anzahl C-Atome), weil die ungesättigte Fettsäure durch die Doppelbindung ja 2 H-Atome (Masse von H = 1 g/mol) weniger hat. In der als Vorbild dienenden Frage im Examen waren es die beiden Fettsäuren Stearinsäure, eine gesättigte C-18-Fettsäure ($C_{18}H_{36}O_2$), und Ölsäure, eine einfach ungesättigte C-18-Fettsäure ($C_{18}H_{34}O_2$).

2.7 Bindungsarten

Die Atome der chemischen Elemente bleiben in der Natur selten allein. Meist sind sie mit einem oder mehreren Partnern liiert. Bei der Partnerwahl und auch bei der Art der einzugehenden Verbindung sind sie bestimmten Gesetzen unterworfen, die u. a. von ihrer Stellung im Periodensystem abhängen (s. Abb. 3, S. 8).
Die einzelnen Bindungsarten können noch weiter unterteilt werden in starke und schwache Bindungen, gerichtete und ungerichtete sowie danach, ob sie innerhalb oder zwischen Molekülen auftreten. Doch seht selbst ...

2.7.1 Atombindung

Diese Bindungsform wird auch als **kovalente Bindung** bezeichnet. Sie tritt auf, wenn die Valenzelektronen (Außenelektronen, s. 2.3.1, S.9) in den Anziehungsbereich zweier Atomkerne gelangen. Die Folge ist, dass sich zwei Atome zwei, vier oder sechs Elektronen teilen.

Jede Bindung besteht dabei aus einem Elektronenpaar (2 Elektronen). Teilen sich zwei Atome ein Elektronenpaar, spricht man von einer **Einfachbindung**, teilen sie sich zwei Elektronenpaare von einer **Doppelbindung** und gehören drei Elektronenpaare zu beiden Atomen, haben diese eine **Dreifachbindung** ausgebildet (s. Abb. 7, S. 15). Doch wann bildet sich welche Atombindung aus? Die Antwort auf diese Frage gibt die **Oktettregel**, wonach alle Atome das Bestreben haben, acht Valenzelektronen zu besitzen. Je nach ihrer Stellung im Periodensystem fehlen ihnen dazu ein bis drei Elektronen, die sie sich durch Ausbildung einer oder mehrerer Atombindungen von ihren Bindungspartnern geben lassen, die selbst über zu viele Elektronen verfügen. Ausnahmen: Elemente der 1. Periode haben schon mit zwei Elektronen eine komplett gefüllte Außenschale, Elemente der 4. Hauptgruppe wie Kohlenstoff (C, s. Skript Chemie 2).

Da die Atombindung von einem Atom zu einem ganz bestimmten anderen Atom geht, wird sie als gerichtete Bindung bezeichnet. Ein weiteres Charakteristikum ist ihre hohe Bindungsenergie von ca. **400 kJ/mol**, die sie zu den starken Bindungsformen gehören lässt.

Übrigens ...

- Atombindungen bilden sich nur zwischen Partnern mit gleicher oder ähnlicher Elektronegativität aus, wie z. B. im Wasserstoffmolekül H_2.
- Atombindungen können homolytisch oder heterolytisch gespalten werden. Bei einer Homolyse verbleibt bei jedem ehemaligen Bindungspartner je eines der Elektronen aus dem ehemals bindenden Elektronenpaar. Bei einer Heterolyse werden die ehemaligen Bindungselektronen dagegen ungleichmäßig auf die ehemaligen Bindungspartner verteilt.

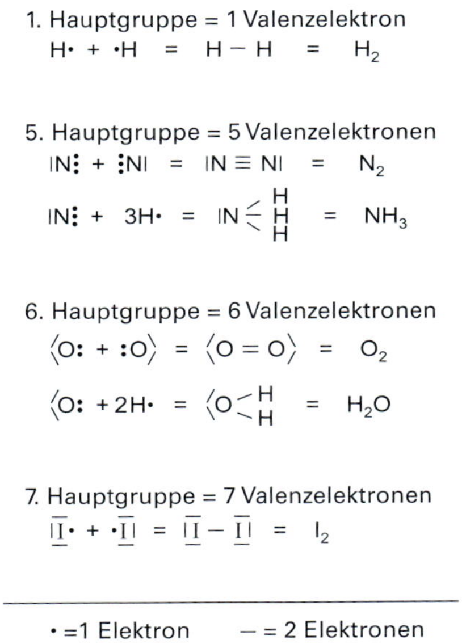

Abb. 7: Atombindung, Beispiele

medi-learn.de/7-ch1-7

Wie auf Abb. 7, S. 15 zu sehen, gehen nicht immer alle Valenzelektronen eines Elements auch in die Atombindung ein. Diejenigen Valenzelektronenpaare, die keine Bindung eingehen, bezeichnet man als freie Elektronenpaare.

Beispiele dafür sind

- der dreibindige Stickstoff mit einem freien Elektronenpaar,
- Sauerstoff mit zwei freien Elektronenpaaren und die
- Halogene (F, Cl, Br, I) mit drei freien Elektronenpaaren.

Sollte also mal wieder gefragt werden, welches der Moleküle Chlorwasserstoff, Diethylether, Harnstoff, Stickstoff, Wasserstoff die meisten freien Elektronenpaare hat, so lautet die korrekte Antwort: Der Harnstoff = $CO(NH_2)_2$ mit vier freien Elektronenpaaren, zwei vom Sauerstoff und je eines vom Stickstoffatom (Wasserstoff hat keines, Stickstoff hat eins, Diethylether = $C_2H_5OC_2H_5$ hat zwei vom Sauerstoff und Chlorwasserstoff = HCl hat drei).

2.7.2 Koordinative Bindung/ Komplexbindung

Die koordinative Bindung ist eine kovalente Bindung/Atombindung, bei der **beide Bindungselektronen von nur EINEM Bindungspartner (Ligand)** stammen. Abgesehen von diesem Unterschied ist sie wie die Atombindung gerichtet und mit ca. **400 kJ/mol** auch eine starke Bindungsform.

Die folgende Aufzählung erläutert die wichtigsten Eigenschaften der koordinativen Bindung/ Komplexbindung:

- Koordinative Bindungen werden als Pfeile oder gestrichelte Linien dargestellt und finden sich in **Komplexen**.
- Als Komplexe (erkennbar an eckigen Klammern, z. B. $[Cu(H_2O)_4]^{2+}$, s. Abb. 8) werden Zusammenschlüsse von Atomen oder Atomgruppen bezeichnet, die aus einem **Zentralion** und einem oder mehreren **Liganden** bestehen.
- Das meist **positiv geladene Zentralion** (hier Kupfer = Cu^{2+}) hat die Fähigkeit Elektronenpaare (Bindungselektronen) aufzunehmen, die die **Liganden** (hier vier Moleküle Wasser) zur Verfügung stellen.
- Als Liganden fungieren Moleküle, die Atome mit freien Elektronenpaaren besitzen. Häufig sind dies Sauerstoff- und/oder Stickstoffatome (O und/oder N).
- Handelt es sich beim Zentralion um ein positiv geladenes Metallion, so bezeichnet man den Komplex als **Metallkomplex** (z. B. $[Cu(H_2O)_4]^{2+}$, mehr dazu s. 3.4, S. 31).
- Unter dem Begriff **Koordinationsstelle** versteht man eine Bindungsstelle. Ein Zentralion kann mehrere Koordinationsstellen besitzen und damit mehrere koordinative Bindungen eingehen, wobei sich deren Anzahl NICHT aus der Ladung des Zentralions oder des Komplexes ableiten lässt.

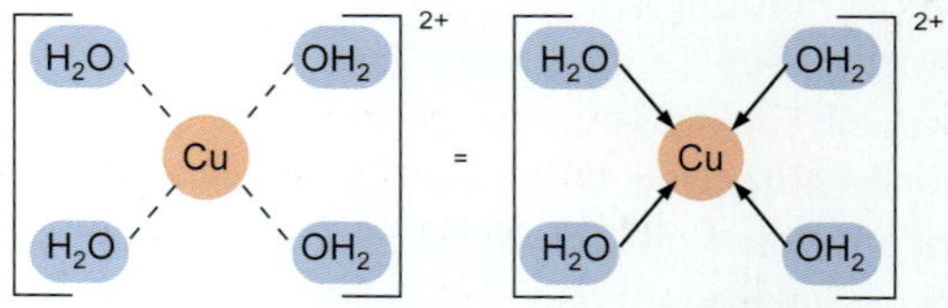

Abb. 8: Koordinative Bindung, Beispiel Metallkomplex $[Cu(H_2O)_4]^{2+}$ *medi-learn.de/7-ch1-8*

In unserem Beispiel $[Cu(H_2O)_4]^{2+}$ verfügt das Zentralion über vier Koordinationsstellen/koordinative Bindungen, die Gesamtladung des Komplexes beträgt +2 und die Ladung des Zentralions auch +2 (da der Ligand Wasser ungeladen ist).

Ein (1 : 1)-Komplex aus EDTA und Calciumionen (s. Abb. 9, S. 16) enthält sechs Koordinationsstellen/koordinative Bindungen, die Gesamtladung des Komplexes beträgt −2 und die Ladung des Zentralions +2 (da der Ligand EDTA vierfach negativ geladen ist).

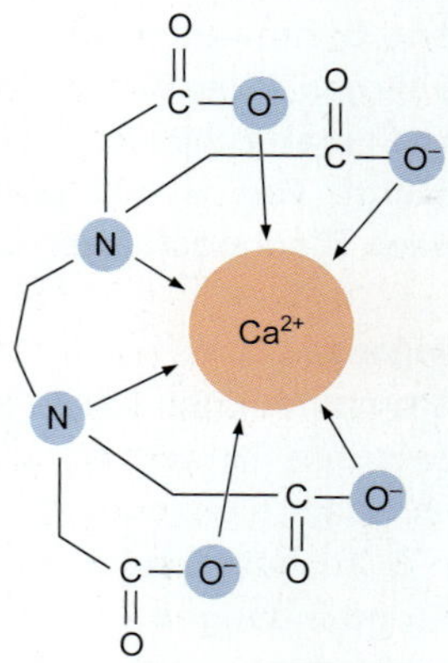

Abb. 9: Koordinative Bindung, Beispiel Chelatkomplex $[Ca(EDTA)]^{2-}$ *medi-learn.de/7-ch1-9*

2.7.3 Ionenbindung

Im Gegensatz zur Atombindung, bei der sich zwei Atome die Bindungselektronen teilen, geht der Ionenbindung eine Elektronenübertragung voraus. Dabei entreißt das elektronegativere Atom dem weniger elektronegativen Partner ein oder mehrere Elektronen, wodurch Ionen (geladene Teilchen) entstehen.

Merke!

- **N**egativ (–) geladene Ionen bezeichnet man als **An**ionen, positiv (+) geladene als Ka⁺ionen.
- Anionen und Kationen haben die gleiche Anzahl an Protonen wie ihr zugehöriges Atom.

Die Ionenbindung beruht auf der Anziehungskraft der unterschiedlichen Ladungen (elektrostatische Anziehungskraft). Ein negatives Ion zieht dabei nicht nur „seinen" positiv geladenen Bindungspartner an, sondern auch alle anderen Ionen mit positiver Ladung, die sich in seiner Reichweite befinden. Aufgrund dieses untreuen Verhaltens bezeichnet man die Ionenbindung als **ungerichtete Bindung**.
Mit ihrer hohen Bindungsenergie von ca. **400 kJ/mol** gehört auch die Ionenbindung zu den starken Bindungsformen.

Beispiel
- Aus Chlor (Cl) und Natrium (Na) werden die Ionen Cl^- und Na^+ und damit das allseits bekannte Kochsalz NaCl.
- Die Natronlauge NaOH besteht aus Na^+-Ionen und OH^--Ionen, die Salzsäure HCl aus H^+-Ionen und Cl^--Ionen.
- Die mehrprotonige Schwefelsäure H_2SO_4 setzt sich aus zwei H^+-Ionen und einem SO_4^{2-}-Ion zusammen, die Phosphorsäure H_3PO_4 aus drei H^+-Ionen und einem PO_4^{3-}-Ion etc.

Merke!

Sowohl Atom- als auch Ionenbindungen sind stärker als Wasserstoffbrückenbindungen (s. 2.7.4, S. 17).

Ionen werden gebildet von entweder stark elektronegativen Elementen (VII. Hauptgruppe bildet Anionen) oder ausgesprochen schwach elektronegativen Elementen (I., II. Hauptgruppe und Nebengruppen bilden Kationen). Diese Elemente stehen im Periodensystem weit auseinander. Ihr Ziel ist es, durch Elektronenabgabe oder -aufnahme acht Valenzelektronen zu bekommen (s. Oktettregel in Kapitel 2.7.1, S. 14).

2.7.4 Wasserstoffbrückenbindung

Wasserstoffbrücken gehören mit ihrer niedrigen Bindungsenergie von ca. 40 kJ/mol zu den schwachen Bindungsformen. Sie sind wesentlich schwächer als z. B. kovalente Bindungen (s. 2.7.1, S. 14 ff) und werden energiemäßig lediglich von den noch schwächeren Van-der-Waals-Kräften (s. 2.7.5, S. 18) und den hydrophoben Wechselwirkungen (s. 2.7.6, S. 18) unterboten.
Wasserstoffbrücken bilden sich z. B. zwischen Wassermolekülen aus und sind für den relativ hohen Siedepunkt des Wassers verantwortlich.

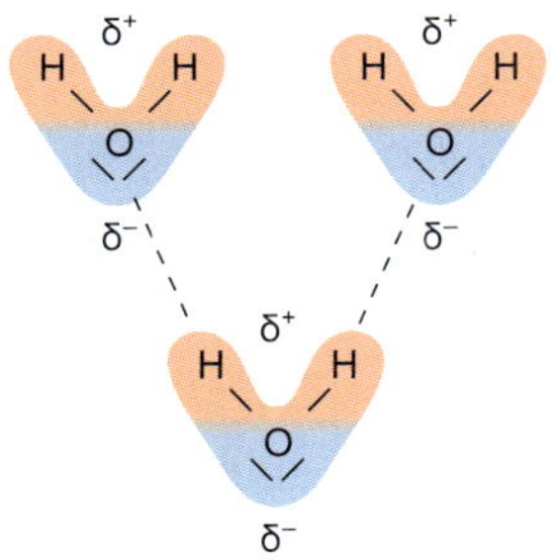

Abb. 10 a: Wasserdipole *medi-learn.de/7-ch1-10a*

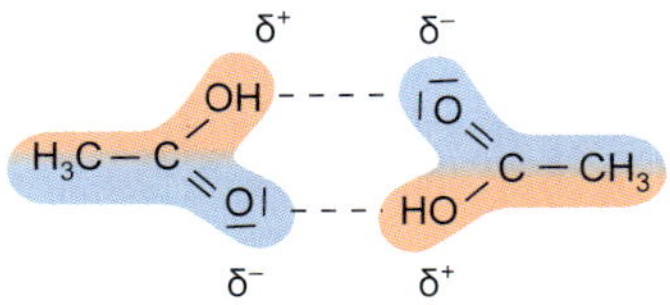

Abb. 10 b: Essigsäuredipole *medi-learn.de/7-ch1-10b*

Das H_2O-Molekül verfügt über zwei unterschiedlich geladene Pole und ist daher ein Vertreter der **Dipolmoleküle/Dipole**. Ursache dieser intramolekularen Ladungsverschiebung ist die unterschiedliche Elektronegativität von Wasserstoff (schwach elektronegativ) und Sauerstoff (stark elektronegativ). Sie führt dazu, dass Sauerstoff

die Bindungselektronen vom Wasserstoff weg- und zu sich heranzieht.
Ein weiteres Beispiel für diese Art von Wasserstoffbrücken ist die flüssige reine Essigsäure (= CH_3COOH). Hier entzieht der stark elektronegative Sauerstoff dem Kohlenstoff und Wasserstoff die Bindungselektronen, wodurch die Essigsäuremoleküle zu Dipolen werden und sich als Dimere anordnen, die durch zwei Wasserstoffbrücken stabilisiert sind (s. Abb. 10 b, S. 17). Wasserstoffbrücken können sich aber auch zwischen verschiedenartigen Molekülen wie z. B. Wasser und Ethanol (= C_2H_5OH) ausbilden. Da beide Moleküle Dipole sind und untereinander Wasserstoffbrücken bilden, sind diese Flüssigkeiten leicht miteinander mischbar.
Bei den Dipolmolekülen ist der Elektronegativitätsunterschied der beteiligten Elemente kleiner als bei den Ionen-bildenden Elementen (s. 2.7.3, S. 16). Neben H_2O sind z. B. auch CO (Kohlenmonoxid)- Moleküle Dipole und werden daher untereinander über Wasserstoffbrücken stabilisiert. KEINE Dipole hingegen sind CO_2 und CH_4, da diese Moleküle räumlich so angeordnet sind, dass keine unterschiedlich geladenen Pole entstehen.

In den Fragen des schriftlichen Physikums stößt du hin und wieder auch auf den Ausdruck **Wasserstoffbrücken-Donoren**. Darunter versteht man Moleküle oder Teile von Molekülen, die in der Lage sind, Wasserstoffbrücken auszubilden. Gute Wasserstoffbrücken-Donoren sind z. B. die OH- und NH-Gruppen innerhalb von Proteinen und der DNA. Daher spielen Wasserstoffbrückenbindungen auch eine wichtige Rolle bei der Stabilisierung der Sekundärstruktur (Helices und Faltblattstrukturen) von Peptidketten sowie bei der Basenpaarung in der DNA.

Merke!

Wasserstoffbrücken bilden sich zwischen Dipolen aus.

2.7.5 Van-der-Waals-Kräfte

Noch schwächer als die Wasserstoffbrücken sind die Van-der-Waals-Kräfte mit einer Bindungsenergie von ca. **10 kJ/mol**. Diese ebenfalls elektrostatischen Anziehungskräfte bilden sich zwischen unpolaren Molekülen oder Molekülteilen aus. Dies ist möglich, da selbst unpolare Moleküle wie Kohlenwasserstoffe aufgrund der Elektronenbewegung über ungleich verteilte Ladungen verfügen. Daher werden sie zeitweise zum Dipol (temporärer Dipol) und ziehen sich gegenseitig an.

Van-der-Waals-Kräfte bedingen so die Schmelz- und Siedepunkte von Kohlenwasserstoffen (auch von aromatischen!). Je länger die apolaren Kohlenwasserstoffketten sind, desto stärker sind auch die sie zusammenhaltenden Van-der-Waals-Kräfte und desto höher ihre Schmelz- und Siedepunkte.

2.7.6 Hydrophobe Wechselwirkungen

Hydrophobe Wechselwirkungen sind mit nur ca. **10 kJ/mol** zusammen mit den Van-der-Waals-Kräften die schwächsten Bindungsformen im Reich der Chemie. Sie bilden sich zwischen apolaren (hydrophoben) Substanzen wie z. B. Kohlenwasserstoffen in polaren Medien (z. B. Wasser) aus. Außerdem sind sie für die **Mizellenbildung** und die Ausbildung des **Phospholipid-Bilayers** der Zellmembran verantwortlich.

Ursache dieser Zusammenlagerungen/besonderen Ausrichtung der Moleküle im wässrigen Milieu ist das wichtige chemische Prinzip: Gleiches löst sich in Gleichem. Sowohl bei Mizellen als auch bei Zellmembranen „lösen" sich die apolaren Molekülteile im Inneren, die polaren im umgebenden wässrigen Milieu. Durch diese Form der Ausrichtung ändert sich auch die Entropie (Unordnung des Systems, s. 4.1.2, S. 60).

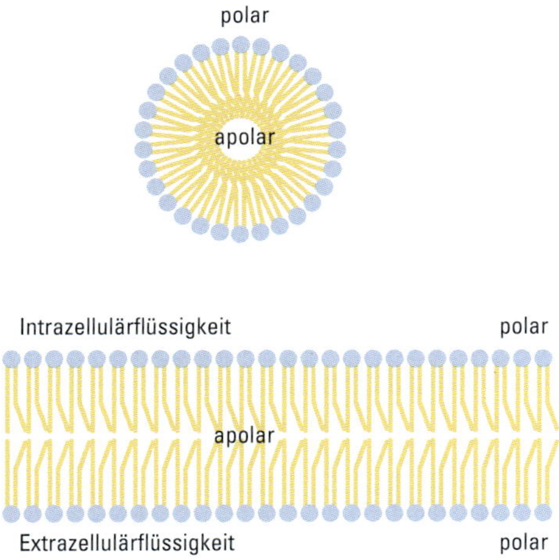

Abb. 11: Mizelle und Zellmembran

medi-learn.de/7-ch1-11

Übrigens ...
Größere polare Moleküle, wie z. B. Proteine, können durchaus auch apolare Bereiche enthalten, die untereinander durch hydrophobe Wechselwirkungen stabilisiert werden.

2.7.7 Übersichtstabelle Bindungsarten

Atombindung	koordinative Bindung	Ionenbindung
stark	stark	stark
gerichtet	gerichtet	ungerichtet
intramolekular	intramolekular	intra- und intermolekular

Wasserstoffbrücken	Van-der-Waals-Kräfte	hydrophobe Wechselwirkungen
schwach	schwach	schwach
intra- und intermolekular	intra- und intermolekular	intra- und intermolekular

Tab. 3: Zusammenfassung physikumsrelevante Bindungsarten

DAS BRINGT PUNKTE

Aus Kapitel 2 sind Fragen zu den **Begriffen Ordnungszahl/Kernladungszahl** und relative **Atommasse/Ruhemasse** in beinahe jedem Physikum zu finden und daher leicht gemachte Punkte.

Unbedingt merken solltest du dir daher, dass

- die Elemente im Periodensystem ohne Ausnahme nach steigender Kernladungszahl geordnet sind,
- die Massenzahl die relative Atommasse angibt,
- die Atommasse die Einheit u hat, die relative Atommasse jedoch dimensionslos ist,
- Isotope eines Elements die gleichen Ordnungszahlen/Kernladungszahlen, aber unterschiedliche Atommassen haben und
- ein α-Teilchen eine höhere Ruhemasse hat als ein Proton oder Neutron und die wiederum schwerer sind als ein Elektron oder Positron.

Ebenfalls häufig werden **symbolische Schreibweisen** gefragt. Neben den vorne genannten Elementen (s. 2.3.2, S. 9) waren dies bislang:

- Wasserstoff mit der Ordnungszahl 1 und dem Elementsymbol H, das neben einem Proton im Kern ein einzelnes – und daher ungepaartes – Elektron in der Hülle hat und
- Helium mit der Ordnungszahl 2, der Massenzahl 4 und dem Elementsymbol He (s. 2.1.5, S. 7, Ruhemasse α-Teilchen).

Aus den Gesetzmäßigkeiten innerhalb der **Perioden** und **Hauptgruppen** lässt sich die halbe Chemie und Biochemie ableiten. Zu den wichtigsten Prüfungsfakten gehören:

- Elemente einer Gruppe haben alle die gleiche Anzahl Valenzelektronen und damit ähnliche chemische Eigenschaften.
- Die Ziffer der Hauptgruppe entspricht der Anzahl an Valenzelektronen, die diese Elemente haben.
- Innerhalb einer Periode nimmt die Elektronegativität der Elemente von links nach rechts zu, innerhalb einer Gruppe von oben nach unten ab.
- Ionen bilden die Mitglieder der Hauptgruppen I, II und VII sowie die Nebengruppenelemente.

Bei den **Bindungsarten** sind Wasserstoffbrücken die Dauerbrenner, dicht gefolgt von den Komplex- und Ionenbindungen. Dazu solltest du wissen, dass

- Wasserstoffbrückenbindungen für den vergleichsweise hohen Siedepunkt des Wassers (polar) verantwortlich sind, Van-der-Waals-Kräfte dagegen für den Schmelzpunkt von Kohlenwasserstoffen (apolar),
- Wasserstoffbrücken der Grund dafür sind, dass sich Ethanol und Wasser gut mischen,
- sich in flüssiger reiner Essigsäure Wasserstoffbrücken zwischen den Essigsäuredipolen ausbilden,
- Wasserstoffbrücken die Faltblattstruktur antiparallel angeordneter Peptidketten stabilisieren,
- Atom- und Ionenbindungen stärker als Wasserstoffbrücken sind,
- die Ionenbindung eine Bindungsenergie von ca. 400 kJ/mol hat und ungerichtet ist,
- in Komplexen die Liganden die Bindungselektronen für die Komplexbindung liefern und
- Pfeile ein Kennzeichen koordinativer Bindungen sind.

FÜRS MÜNDLICHE

Zum Einstieg in die Welt der Chemie kommen hier die passenden Fragen aus unserer Prüfungsprotokoll-Datenbank. Somit kannst du dein Wissen alleine oder zusammen mit deiner Lerngruppe überprüfen.

1. **Welche biochemisch relevanten Stickstoff-Verbindungen kennen Sie?**
2. **Wozu dient Ihrer Meinung nach Phosphor im Körper?**
3. **Sagen Sie, welche Rolle spielt Eisen im menschlichen Organismus?**
4. **Wozu brauchen wir Calcium? Zählen Sie bitte auf!**
5. **Erläutern Sie bitte, wo sich im Körper Zink befindet.**
6. **Welche Bindungsarten findet man Ihrer Meinung nach in Proteinen?**

---

1. Welche biochemisch relevanten Stickstoff-Verbindungen kennen Sie?
Aminosäuren, Peptide, Proteine, Nukleinsäuren (DNA, RNA), Harnstoff, Harnsäure, Stickstoffmonoxid (NO) etc.

2. Wozu dient Ihrer Meinung nach Phosphor im Körper?
Beispiele für die Funktion und das Vorkommen von Phosphor sind:

- Als Energieträger, z. B. in Form von ATP, GTP und Kreatinphosphat,
- als Baustein, z. B. anorganisches Phosphat im Knochen,
- als wichtiger Bestandteil im Wasserstoffüberträger/Redoxsystem $NADP^+$/ $NADPH + H^+$,
- als Signalübermittler im cAMP,
- als Blutpuffer.

3. Sagen Sie, welche Rolle spielt Eisen im menschlichen Organismus?
Eisen ist z. B. Bestandteil

- der Sauerstofftransporter Hämoglobin und Transferrin,
- der Sauerstoffspeicher Myoglobin im Muskel sowie Ferritin und Hämosiderin in Leber und Milz und
- von Cytochromen (z. B. Atmungskette, Biotransformation Leber).

4. Wozu brauchen wir Calcium? Zählen Sie bitte auf!
Calcium braucht der Mensch z. B. für

- die Mineralisierung von Knochen und Zähnen,
- die Blutgerinnung,
- die Muskelkontraktion,
- als Second messenger,
- zur Exozytose.

5. Erläutern Sie bitte, wo sich im Körper sich Zink befindet.
Hierzu einige Beispiele: Zink

- befindet sich in zahlreichen Enzymen (z. B. in der Carboanhydrase der Erys und einigen Dehydrogenasen),
- kommt als Zinkfingerprotein in der DNA vor und
- dient der Insulinspeicherung im Pankreas.

6. Welche Bindungsarten findet man Ihrer Meinung nach in Proteinen?

- Primärstruktur: Atombindungen,
- Sekundärstruktur: Wasserstoffbrücken und
- Tertiär- sowie Quartärstruktur: Atombindungen, Wasserstoffbrücken, Ionenbindungen, Van-der-Waals-Kräfte und hydrophobe Wechselwirkungen.

Mehr Cartoons unter www.medi-learn.de/cartoons

Pause

Erste lange Pause!
Hier was zum Grinsen für Zwischendurch ...

3 Stoffumwandlungen

Fragen in den letzten 10 Examen: 34

Nun, da du weißt, nach welchen Prinzipien die physikumsrelevanten chemischen Substanzen aufgebaut sind, kannst du dich deren Reaktionen – also dem Kerngeschäft der Chemie – widmen. Denn Chemie ist, wo es pfeift und kracht und eine Reaktion die andere „jacht“ ...

3.1 Homogene Gleichgewichtsreaktionen

Bei chemischen Reaktionen in **geschlossenen Systemen** reagieren so gut wie nie alle Edukte (Ausgangsstoffe) zu Produkten. Das liegt daran, dass die entstandenen Produkte im Sinne einer Rückreaktion wieder Edukte bilden. Chemische Reaktionen sind folglich **reversibel** (umkehrbar).

Darstellung = Doppelpfeil.
A + B (= Edukte) $\leftrightarrows$ C + D (= Produkte)

Im Verlauf einer chemischen Reaktion wird daher einmal der Zustand erreicht, bei dem genauso viel Edukte zu Produkten reagieren, wie umgekehrt Produkte wieder zu Edukten werden. Dieser dynamische Zustand heißt chemisches Gleichgewicht.

3.1.1 Chemisches Gleichgewicht

Im Gleichgewichtszustand laufen **Hin- und Rückreaktion gleich schnell** ab. Die **Konzentrationen** von Edukten und Produkten bleiben daher **konstant**. Von außen betrachtet findet jetzt scheinbar keine Reaktion mehr statt.
Die Gesamtreaktionsgeschwindigkeit (Summe aus Geschwindigkeiten der Hin- und Rückreaktion) nimmt folglich den Wert 0 an, ebenso wie die Triebkraft der Reaktion ΔG (s. 4.1.1, S. 60).

Merke!

Im Gleichgewichtszustand sind die Geschwindigkeiten der Hin- und Rückreaktion gleich.

Hier musst du bei den Antwortmöglichkeiten mal wieder ganz genau hinsehen: Die Geschwindigkeitskonstanten der Hin- und Rückreaktion müssen im chemischen Gleichgewicht nämlich NICHT gleich sein (s. 5.2, S. 70).

Während die Lage des Gleichgewichts in geschlossenen Systemen und bei gegebener Temperatur feststeht, lässt sich die Einstellung des Gleichgewichts mit einem **Katalysator** beschleunigen.
Katalysatoren sind Stoffe, wie z. B. die Enzyme in der Biochemie, die
- die Aktivierungsenergie (s. 4.2, S. 61) einer Reaktion senken und dadurch die **Gleichgewichtseinstellung** beschleunigen,
- selbst durch die Reaktion NICHT verändert oder verbraucht werden sowie
- die Lage des Gleichgewichts und die Triebkraft der Reaktion ΔG (s. 4.1.1, S. 60) NICHT beeinflussen.

Der Begriff Gleichgewichtslage beschreibt das Verhältnis von Produkt- zu Eduktkonzentrationen im Gleichgewichtszustand: Ist das Gleichgewicht nach rechts (zur Produktseite) verschoben, liegen mehr Produkte vor, ist es nach links verschoben (zur Eduktseite), mehr Edukte.

Bei vielen Reaktionen lässt sich die Lage des Gleichgewichts aus der Reaktionsgleichung ablesen.

Beispiel:

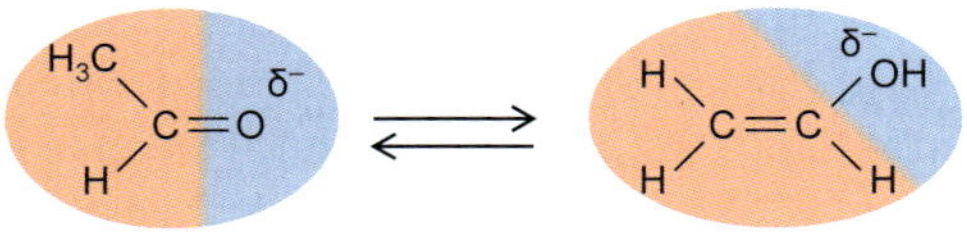

Abb. 12: Gleichgewichtslage

medi-learn.de/7-ch1-12

Bei dieser Reaktion werden im Gleichgewicht mehr Edukte als Produkte vorliegen. Grund: Die Edukte sind untereinander stärker durch intermolekulare Wasserstoffbrücken (s. 2.7.4, S. 17) stabilisiert als die Produkte, da der Edukt-Sauerstoff stärker negativ geladen ist.

Übrigens ...
Stabile Substanzen werden allgemein bevorzugt gebildet und kommen daher in der Natur auch häufiger vor.

3.1.2 Gleichgewichtskonstante/ Massenwirkungsgesetz

Da im Gleichgewicht die Konzentrationen von Edukten und Produkten konstant sind, lässt sich eine Gleichgewichtskonstante (K) formulieren:

$$K = \frac{c\ (\text{Produkte})}{c\ (\text{Edukte})} \quad \text{mit } c = \text{Konzentration}$$

K ist auch der Quotient aus den Geschwindigkeitskonstanten k der Hin- und Rückreaktion, weil im Gleichgewicht Hin- und Rückreaktion ja gleich schnell ablaufen (mehr dazu s. 5.2, S. 70):

$$K = \frac{k_{(\text{hin})}}{k_{(\text{rück})}}$$

Für das Beispiel: A + B ⇆ C + D

$$K = \frac{c\ (C) \cdot c\ (D)}{c\ (A) \cdot c\ (B)}$$

oder falls mal stöchiometrische Faktoren auftauchen wie hier: 2A + 3B ⇆ C + 4D

$$K = \frac{c\ (C) \cdot c\ (D)^4}{c\ (A)^2 \cdot c\ (B)^3}$$

Bei gekoppelten Reaktionen, wie
A ⇆ B ⇆ C
ist die Gleichgewichtskonstante des Gesamtprozesses das **Produkt** der Gleichgewichtskonstanten der Einzelschritte.
Also:

$$K_1 = \frac{B}{A}, \quad K_2 = \frac{C}{B},$$

$$K_{gesamt} = K_1 \cdot K_2 = \frac{\not{B}}{A} \cdot \frac{C}{\not{B}}$$

und das ergibt nach dem Kürzen von B:

$$K_{gesamt} = \frac{C}{A}$$

Ist K = 1, liegen Produkte und Edukte in gleichen Konzentrationen vor.
Bei K > 1 ist die Konzentration der Produkte höher als die der Edukte oder anders, ausgedrückt, die Reaktion ist freiwillig abgelaufen und daher exergon (ΔG < 0, s. 4.1.2, S. 60).
Bei K < 1 ist die Konzentration der Edukte höher als die der Produkte, die Reaktion ist nicht freiwillig abgelaufen und daher **endergon** (ΔG > 0, s. 4.1, S. 59).
Die Beziehung zwischen der Gleichgewichtskonstanten K und der freien Reaktionsenthalpie ΔG ist logarithmisch (mehr dazu im Kapitel 4 Energetik).

Beispiel
Das Enzym Adenylat-Kinase katalysiert die Reaktion AMP + ATP ⇆ 2 ADP. Die Gleichgewichtskonstante der Reaktion ist 1,0. Die (freien) Konzentrationen im Gleichgewicht betragen 0,1 µmol/l für AMP und 30 µmol/l für ADP. Wie groß ist die der Gleichgewichtslage entsprechende ATP-Konzentration?

Antwortmöglichkeiten:
15 µmol/l, 60 µmol/l, 300 µmol/l, 3 mmol/l, 9 mmol/ l.
Da bei K = 1 Produkte und Edukte in gleichen Konzentrationen vorliegen, kannst du folgende Gleichung aufstellen:
[AMP] · [ATP] = [ADP] · [ADP]

3

Nach Einsetzen der angegebenen Werte steht da: $0{,}1\,\mu mol/l \cdot x = 30\,\mu mol/l \cdot 30\,\mu mol/l$.

Aufgelöst nach x und einmal um µmol/l gekürzt, lautet die Gleichung:

$$x = \frac{30 \cdot 30\,\mu mol/l}{0{,}1} \text{ und das gibt}$$

$x = 9000\,\mu mol/l$ oder anders ausgedrückt
$x = 9\,mmol/l$.

3

Diese Gleichungen sind auch unter dem Namen Massenwirkungsgesetz (MWG) bekannt. Merken solltest du dir dazu noch, dass das MWG nur gilt, wenn

- das Gleichgewicht eingestellt ist,
- die Temperatur konstant bleibt und
- die Reaktion im geschlossenen System stattfindet.

Merke!

Die Gleichgewichtskonstante K ist **temperaturabhängig**.

Öffnet man das System, z. B. indem Produkte entfernt oder Edukte hinzugefügt werden, versucht die Reaktion diese Störung auszugleichen. Am klassischen Beispiel der Esterbildung lässt sich das gut veranschaulichen:

Säure + Alkohol $\leftrightarrows$ Ester + H_2O

$$K = \frac{[Ester] \cdot [H_2O]}{[Säure] \cdot [Alkohol]}$$

Entfernt man das Wasser, so wird die Reaktion diesen Verlust durch vermehrte Wasserbildung wieder ausgleichen. Dabei entsteht gleichzeitig auch mehr Ester, was in der Regel das Ansinnen dieses Unterfangens ist. Eine weitere Möglichkeit, die Esterausbeute zu erhöhen, ist die Zugabe von mehr Säure oder Alkohol.

In einem eingestellten Gleichgewicht bleibt der Wert der Gleichgewichtskonstanten K konstant, auch wenn sich die Konzentrationen der einzelnen Reaktionspartner ändern. Erhöht man z. B. die Konzentration eines oder mehrerer Produkte, reagieren so viele Produkte zu Edukten zurück, bis der ursprüngliche Wert von K wieder erreicht ist.

3.2 Heterogene Gleichgewichtsreaktionen

Das eben vorgestellte Massenwirkungsgesetz gilt nur für Reaktionen in homogenen Systemen. Darunter versteht man Systeme, die nur aus einer Phase (z. B. Flüssigkeit, Gas, Feststoff) bestehen. In diesem Kapitel geht es dagegen um Gleichgewichte, die sich zwischen mehreren Phasen (heterogen) einstellen, wie in zwei nicht miteinander mischbaren Flüssigkeiten, in Luft und Flüssigkeit etc. und um die Grenzbereiche der Chemie zur Physik.

3.2.1 Stoffgemische

Dieser Begriff umfasst unzählige verschiedene Gemische mit den unterschiedlichsten chemischen Zusammensetzungen, die sich mit physikalischen Methoden trennen lassen. Darunter fallen z. B. Lösungen wie die Kochsalzlösung und das Blut. Weiter unterteilt werden Stoffgemische in heterogene und homogene Gemische. Homogen bedeutet, dass diese Gemische aus nur einer Phase bestehen, wie z. B. die Kochsalzlösung. Heterogene Gemische bestehen dagegen aus mehreren Phasen wie z. B. das Blut, das sich in mehrere Phasen beim Stehenlassen trennt.

Merke!

- Gemenge (mehrere Feststoffe),
- Suspensionen (Feststoff + Flüssigkeit),
- Emulsionen (mehrere **NICHT ineinander lösliche Flüssigkeiten**, wie Öl + Wasser) und
- Aerosole (Flüssigkeit oder Feststoff + Gas, z. B. Nebel)

sind physikumsrelevante Beispiele für heterogene Gemische.

3.2.2 Nernst-Verteilungsgesetz

Dieses Gesetz wird angewandt, wenn ein Stoff die Möglichkeit hat, sich in zwei verschiedenen, aneinandergrenzenden Phasen zu lösen. Klassischerweise ist eine der beiden Lösungsmittelphasen polar, die andere unpolar. Der Stoff geht nach dem Prinzip **„Gleiches löst sich in Gleichem"** vor und sammelt sich vermehrt in der Phase an, die seinen eigenen Eigenschaften entspricht.

Beispiel
Hat ein Stoff bei der Verteilung zwischen Diethylether und Wasser den Verteilungskoeffizienten K = 3, und die Volumina beider Phasen sind gleich, so gilt: Da Ether auf Wasser schwimmt und K definiert ist als Konzentration des Stoffes in der Oberphase (hier Diethylether)/Konzentration des Stoffes in der Unterphase (hier Wasser), bedeutet K = 3, dass sich der Stoff zwischen den beiden Phasen im Verhältnis 3 : 1 verteilt. Damit befinden sich drei Teile des Stoffes oben im Diethylether und ein Teil unten im Wasser, was gleichbedeutend ist mit 75 % des Stoffes sind gelöst im Diethylether und 25 % im Wasser.

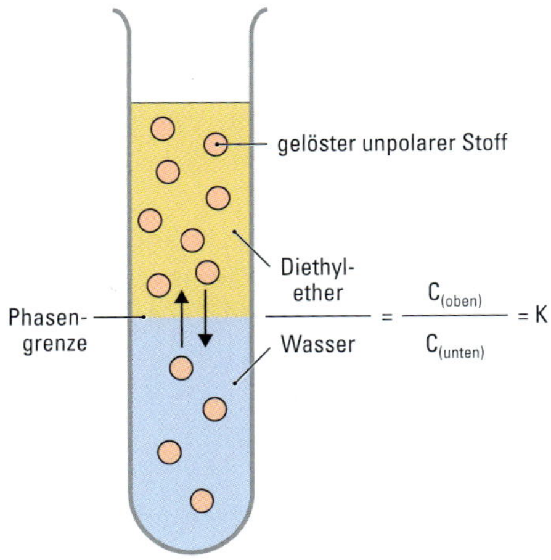

Abb. 13: Verteilungsgesetz, Beispiel mit unpolarem Stoff (K >1)

medi-learn.de/7-ch1-13

Der Verteilungskoeffizient K ist **temperaturabhängig** und definiert als der Quotient aus der Konzentration des Stoffes in der Oberphase geteilt durch die Konzentration des Stoffes in der Unterphase.
- Bei K = 1 löst sich der Stoff in Ober- und Unterphase zu gleichen Teilen,
- bei K > 1 ist der Stoff in der Oberphase angereichert (hier Ether = Stoff eher unpolar),
- bei K < 1 ist der Stoff in der Unterphase angereichert (hier Wasser = Stoff eher polar).

Wird die Konzentration des Stoffes in einer Phase erhöht, so muss sich ein neues Gleichgewicht einstellen, was dazu führt, dass immer auch die Konzentration des Stoffes in der anderen Phase ansteigt. Die Verteilung findet dabei über die Phasengrenze statt.

Merke!

Analog der Gleichgewichtskonstanten K (s. 3.1.2, S. 25), sagt auch der Verteilungskoeffizient K NICHTS über die Geschwindigkeit der Verteilung aus.

3.2.3 Diffusion

Diffundiert z. B. ein Ion durch die Zellmembran, so wandert es ohne Energieaufwand (passiv) von einer Seite der Membran zur anderen. Angetrieben wird es dabei durch den bestehenden Konzentrationsgradienten (die herrschenden Konzentrationsunterschiede) und das elektrische Feld (ergibt sich aus dem Membranpotenzial) über der Membran. Mit Hilfe der Gleichung

$$I_Z = g_Z\,(E_m - E_Z)$$

oder umformuliert: $E_m - E_Z = \dfrac{I_Z}{g_Z}$

I_Z = der Ionenstrom
g_Z = die Membranleitfähigkeit
E_m = Membranpotenzial
E_Z = Gleichgewichtspotenzial über der Membran

kannst du den Ionenstrom für eine beliebige Ionenart Z durch eine Membran in Abhängigkeit vom Membranpotenzial berechnen. Sollte also mal wieder danach gefragt werden, wofür das x in der Gleichung:

$x = \dfrac{I_Z}{g_Z}$ steht,

so lautet die korrekte Antwort: Für die Differenz aus $E_m - E_Z$.

Übrigens ...
Lipophile Moleküle diffundieren so lange durch Membranen, bis ihre Konzentration auf beiden Seiten gleich ist.

3.2.4 Osmose/osmotischer Druck

Im Gegensatz zur Diffusion sind die gelösten Teilchen bei der Osmose NICHT in der Lage, von einer Seite der Membran zur anderen zu gelangen. Die Membran ist **semipermeabel**, d. h. sie lässt **nur das Lösungsmittel passieren**. Die Folge ist, dass das Lösungsmittel und nicht der gelöste Stoff den Konzentrationsausgleich anstrebt: Es wird von der Seite mit der niedrigeren Konzentration (niedriger osmotischer Druck) zur Seite mit der höheren Konzentration (hoher osmotischer Druck) fließen.

Merke!

Je mehr Teilchen in einem gegebenen Volumen gelöst sind, desto höher ist der dort herrschende osmotische Druck.

Beispiel 1:
Wird die gleiche Menge Kochsalz (NaCl) und Calciumchlorid ($CaCl_2$) in Wasser gelöst, so zerfällt NaCl in die beiden Teilchen Na^+ und Cl^-, aus $CaCl_2$ werden dagegen drei Teilchen (ein Ca^{2+} und zwei Cl^-). Folglich ergibt sich für den osmotischen Druck der beiden Lösungen das Verhältnis ⅔.

Beispiel 2:
Wird eine gesättigte Lösung von Saccharose mit Wasser verdünnt, verringert sich der osmotische Druck dieser Lösung.
Grund: Durch das Verdünnen nimmt die Konzentration und damit die Anzahl der gelösten Teilchen pro Volumen ab.

Beispiel 3:
Sind eine wässrige Salzlösung und reines Wasser durch eine semipermeable Membran voneinander getrennt, so wird der Flüssigkeitsspiegel der Salzlösung im Laufe der Zeit höher als der des reinen Wassers.
Grund: Um den Konzentrationsausgleich herzustellen, fließt Wasser (das Lösungsmittel) zur Salzlösung hinüber und erhöht damit deren Volumen. Dennoch bleibt die Salzlösung gegenüber dem Wasser aber IMMER hypertonisch und wird daher – anders als in manchen Falschantworten der Schriftlichen behauptet – niemals istotonisch. Die Salzteilchen sind und bleiben ja nun mal da.

Zusätzlich zur Konzentration hängt der osmotische Druck noch von der Temperatur ab. Hier gilt: **Je höher die Temperatur, desto höher auch der osmotische Druck.**

3.2.5 Donnan-Gleichgewicht

Betrachtet man beispielsweise die Verhältnisse an der Zellmembran, so gibt es hier Ionen, die relativ frei durch diese semipermeable Membran diffundieren können, und andere, die nicht in der Lage sind, diese Barriere zu überwinden

(Proteinanionen). Für die Einstellung des Donnan-Gleichgewichts sind die frei beweglichen Ionen zuständig. Sie streben einen Konzentrations- und Ladungsausgleich an.

Im Gleichgewichtszustand gilt: Das Produkt der Konzentration der wanderungsfähigen Kationen und Anionen auf der Membraninnenseite ist gleich dem Produkt der Konzentration der wanderungsfähigen Kationen und Anionen auf der Membranaußenseite. Oder konkret und kurz:

$[Na^+]_E \cdot [Cl^-]_E = [Na^+]_I \cdot [Cl^-]_I$

mit E = Extrazellulärraum und

I = Intrazellulärraum.

Aufgrund der unbeweglichen negativ geladenen Proteine der Innenseite der Zellmembran ergibt sich jedoch eine ungleiche Verteilung der Ionen und damit auch der Ladungen; ein Membranpotenzial (s. Skript Physiologie 3) ist die Folge.

Die Geschwindigkeit der Einstellung des Donnan-Gleichgewichts ist von der Temperatur abhängig. Auch hier gilt: Je höher die Temperatur, desto rascher die Gleichgewichtseinstellung.

3.2.6 Dampfdruck

Unter Dampfdruck versteht man den Druck, den ein Gas auf die unter ihm liegende Flüssigkeit ausübt. Je mehr Moleküle (Teilchen) sich im Gas (Dampf) befinden, desto stärker wird der Druck, der auf der Flüssigkeitsoberfläche lastet.

In einem geschlossenen System hängt die Anzahl der Gasmoleküle (und damit der Dampfdruck) **NUR von der Temperatur** ab: Je höher die Temperatur, desto mehr Teilchen verlassen die Flüssigkeit. Dementsprechend steigt mit zunehmender Temperatur der Dampfdruck an. Die Flüssigkeitsmenge hingegen ist für den Dampfdruck ohne Bedeutung.

Am **Siedepunkt** entspricht der Dampfdruck einer Flüssigkeit dem umgebenden Luftdruck. Die Folge: Die Flüssigkeit kocht/verdampft, was bedeutet, dass die Flüssigkeitsmoleküle als Dampf in die Luft/Gasphase übergehen. Ändert sich mit Temperaturzunahme der Aggregatzustand eines Stoffes von fest über flüssig zu gasförmig, nimmt dabei die Entropie (Unordnung, s. 4.1.2, S. 60) jedes Mal zu: Während die Teilchen im festen Zustand ordentlich an ihrem festen Platz bleiben, verschieben sich die Teilchen im flüssigen Zustand gegenseitig und sind daher schon nicht mehr ganz so ordentlich. Im gasförmigen Zustand schließlich bewegen sich die Teilchen schnell und sind ungeordnet. Und abschließend noch ein Wort zum Sättigungszustand: In einem geschlossenen System verlassen im Sättigungszustand pro Zeiteinheit genauso viele Moleküle die Flüssigkeit, wie in die Flüssigkeit zurückkehren. Es stellt sich also ein Gleichgewicht zwischen Dampf und Flüssigkeit ein. Der hier herrschende Dampfdruck wird als **Sättigungsdampfdichte** oder Sättigungsdampfdruck bezeichnet.

Übrigens ...

Nur weil's schon mal gefragt wurde: Die physikalische Löslichkeit von Gasen in Flüssigkeiten nimmt mit zunehmender Temperatur ab. Ein Phänomen, das dir aus dem Alltag bekannt sein dürfte: Während ein kühles Mineralwasser angenehm prickelt, schmeckt ein warmes schal, da das CO_2 mit steigender Temperatur das Mineralwasser verlassen hat.

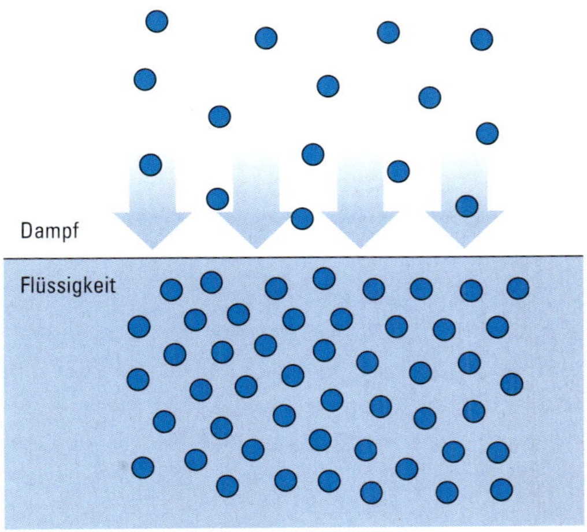

Abb. 14: Dampfdruck medi-learn.de/7-ch1-14

3.3 Salze

Was fällt dir bei dem Wort „Salze" spontan ein? Richtig! Das Kochsalz. Seine offizielle Bezeichnung und Formel lautet **Natriumchlorid (NaCl)**. Sie sollte – ebenso wie die des **Calciumchlorids ($CaCl_2$)** und die des **Bariumsulfats $BaSO_4$** – zum Physikum bekannt sein. Zum Aufbau der Salze solltest du wissen, dass sich die jeweiligen Kat- und Anionen über Ionenbindungen (s. 2.7.3, S. 16) in charakteristischen **Gitterverbänden** zusammenlagern, die man als Ionenkristalle oder Salze bezeichnet. Die prüfungsrelevanten Salze einiger Säuren werden im Säure-Basen-Kapitel vorgestellt. Abgesehen von diesen Fakten konzentrieren sich die Examensfragen auf das Thema Löslichkeit.

3.3.1 Löslichkeit

Was also haben Kochsalz & Co in Bezug auf die Löslichkeit gemein? Da wäre zunächst einmal die Dissoziation in Wasser und anderen polaren Lösungsmitteln zu nennen. Darunter versteht man das Zerfallen der Salze in ihre Kat- und Anionen.

Beispiel
Beträgt die Löslichkeit eines Salzes bei einer bestimmten Temperatur 200 g/Liter, so bezeichnet man eine Lösung
- als ungesättigt, wenn weniger als 200 Gramm Salz in einem Liter gelöst wurden
- als gesättigt, wenn genau 200 Gramm Salz in einem Liter gelöst wurden und
- als übersättigt, wenn sich mehr als 200 Gramm Salz in einem Liter befinden.

Geschieht dies in Wasser, so werden die entstandenen Ionen sofort von einer Hydrathülle umgeben, was man auch als **Hydratation** bezeichnet. Das ist übrigens KEINE chemische Reaktion!
Die Ionen des Salzes reagieren nämlich nicht mit den aus der Dissoziation des Wassers stammenden OH^-- oder H_3O^+-Ionen, sondern werden einfach von Wasserdipolen (s. 2.7.4, S. 17) umlagert (gelöst).
Sollte daher mal wieder gefragt werden, worauf die Antidotwirkung des Salzes Na_2SO_4 bei akuter Vergiftung durch orale Aufnahme des Salzes Bariumchlorid beruht, so kannst du die Falschantworten Oxidation, Säure-Base-Reaktion und Chelatkomplex sofort eliminieren.
Wenn du dir dann noch merkst, dass Bariumsulfat die Formel $BaSO_4$ hat, als Röntgenkontrastmittel (s. 2.4, S. 10) schwer löslich ist und mit dem Stuhl ausgeschieden wird, ist dir ein weiterer Punkt im Examen sicher. Was nämlich geschieht ist folgendes: Das Salz Bariumchlorid löst sich im Wasser/zerfällt in die beiden Ionensorten Ba^{2+} und Cl^-, das Salz Na_2SO_4 in Na^+ und SO_4^{2-}, wobei sich das schlecht lösliche Salz Bariumsulfat $BaSO_4$ bildet. Bariumsulfat wird mit dem Stuhl ausgeschieden und das giftige Barium dadurch aus dem Körper entfernt.

3.3.2 Löslichkeitsprodukt

Das Löslichkeitsprodukt L gibt an, wie hoch die gerade noch lösbare Konzentration von Anionen und Kationen in einer Lösung ist.
$L = [\text{Kationen}] \cdot [\text{Anionen}]$
Der Wert L wird meist in mol^2/l^2 angegeben und ist bei gegebener Temperatur für jedes Salz konstant. Er besagt, dass bei dieser Menge an dissoziierten Ionen die Salzlösung gesättigt vorliegt.

Merke!
- Es gilt: Je größer das Löslichkeitsprodukt, desto besser löst sich der Stoff im jeweiligen Lösungsmittel.
- Erhöht man die Konzentration einer Ionenart, so verringert sich automatisch die Löslichkeit des Salzes.

Beispiel
Calciumoxalat dissoziiert beim Lösen in Wasser in Ca^{2+} und $Oxalat^{2-}$. Gibt man jetzt Ca^{2+} zu, nähert sich das Löslichkeitsprodukt immer mehr dem Sättigungszustand (s. 3.3.1, S. 30, Gleichung Löslichkeitsprodukt), ohne dass überhaupt Calciumoxalat zugegeben wurde. Mit anderen Worten: Die Löslichkeit von Calciumoxalat nimmt bei Zugabe von einem der beiden Ionen ab.

Frage: Etwa wie viel mol $BaSO_4$ lösen sich in 1 l Wasser, wenn das Löslichkeitsprodukt in Wasser etwa $1 \cdot 10^{-10}$ mol²/l² beträgt?

Lösung: Zur Beantwortung dieser Frage musst du wissen, dass das Löslichkeitsprodukt L eines Salzes definiert ist als [Kationen] · [Anionen], und dass $BaSO_4$ aus zwei Ionensorten besteht (= Ba^{2+} Kationen und SO_4^{2-} Anionen).
Da diese beiden Ionen beim Lösen des Salzes zu gleichen Teilen entstehen, darf man die Gleichung vereinfachen zu: L = $[\text{Ionen}]^2$.
Mit dem Wert für L aus der Frage lautet die Gleichung $1 \cdot 10^{-10}$ mol²/l² = $[\text{Ionen}]^2$.
Jetzt musst du nur noch wissen, dass man die Wurzel einer Potenz zieht, indem man die Hochzahl durch 2 teilt und schon hast du die richtige Antwort gefunden: Kationen, Anionen und damit auch das daraus bestehende Salz müssen in der Konzentration 10^{-5} mol/l vorliegen. Denn: 10^{-5} mol $BaSO_4$ liefern ja 10^{-5} mol Ba^{2+} Kationen und 10^{-5} mol SO_4^{2-} Anionen.

3.4 Komplexe/Metallkomplexe

Dies ist ein überaus beliebtes Prüfungsthema mit gleichzeitig hoher Relevanz für die Biochemie! Man denke nur an Verbindungen wie Hämoglobin, Myoglobin, die Cytochrome und Vitamin B_{12}, die alle zur Gruppe der Komplexverbindungen/Metallkomplexe gehören.

Die Gruppe der (Metall-)Komplexe hat einige Gemeinsamkeiten, von denen die besondere Bindungsart (koordinative Bindung) bereits weiter vorne in diesem Skript (s. 2.7.2, S. 16) beschrieben wurde. Weitere wichtige Eigenschaften der Metallkomplexe sind:

- Die besondere Art der Darstellung: Komplexe sind an eckigen Klammern um die Formel und an der „Form ihrer Bindungen" (Pfeile oder gestrichelte Linien) zu erkennen.
- Die Gesamtladung eines Metallkomplexes ist gleich der Summe der Ladungen aus Liganden und Zentralion. Darstellungsform: Hochzahl rechts neben der eckigen Klammer. Beispiel: Im Komplex $[Fe(H_2O)_4(SCN)_2]^+$ ist SCN^- einfach negativ geladen (wurde im Schriftlichen angegeben) und Wasser ist neutral (keine Ladung). Da der Gesamtkomplex einfach positiv geladen ist, ergibt sich für das Zentralion Eisen die Ladung 3+.
- Die Stabilität von Metallkomplexen hängt von den Liganden und dem Zentralion ab.
- Die stärkste Tendenz zur Komplexbildung haben die Nebengruppenelemente. Neben Fe (Eisen) sind das auch Co (Kobalt), Zn (Zink), Cu (Kupfer), Mn (Mangan) und Cr (Chrom).

Merke!

Eisen kommt nur in den Oxidationsstufen 2+ und 3+ vor. Sollten also bei einer deiner Rechnungen mit den Ladungen der Komplexe andere Werte für Eisen rauskommen, ist da was falsch gelaufen.

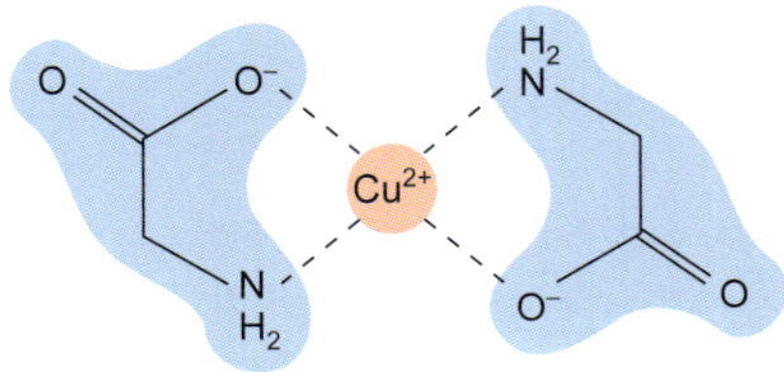

Abb. 15: $[Cu\ (NH_2C\text{-}COO)_2]$ medi-learn.de/7-ch1-15

3.4.1 Koordinationszahl

Allein dieser Begriff tauchte schon in fast jedem Physikum auf. Grund genug, seine Definition auswendig zu wissen:

Merke!

Die Koordinationszahl gibt die Anzahl der Bindungen zwischen Zentralion und Ligand(-en) an.

Beispiele

- In Abb. 15, S. 31 hat Cu^{2+} die Koordinationszahl 4 (vier koordinative Bindungen mit den zwei Liganden).
- Im mit Sauerstoff beladenen Hämoglobin (s. Abb. 16, S. 33 hat Eisen die Koordinationszahl 6 (vier koordinative Bindungen zum Porphyrinring, eine zum Histidinrest des Globins und noch eine für O_2 oder CO, was aber weniger gesund ist).
- In den Komplexen $[Ca(H_2O)_6]^{2+}$ und $[Ca(EDTA)]^{2-}$ hat Calcium beide Male die Koordinationszahl 6 (und die Ladung 2+). Grund: EDTA ist ein Ligand, der sechs koordinative Bindungen zum Zentralion ausbildet und selbst vierfach negativ geladen ist (s. Abb. 9, S. 16).

Bitte nicht verwirren lassen: Die Koordinationszahl lässt sich NICHT aus der Gesamtladung eines Komplexes ablesen und hat auch NICHTS mit der Ladung des Zentralions zu tun. Sie ist einfach nur die Zahl der koordinativen Bindungen innerhalb eines Komplexes.

3.4.2 Chelatkomplexe

Die Chelatkomplexe sind eine Untergruppe der Komplexverbindungen. Man versteht darunter diejenigen Komplexe, bei denen **EIN Ligand MEHRERE koordinative Bindungen zum Zentralion** hat (s. Abb. 9, S. 16, Abb. 15, S. 31, Abb. 16, S. 33, Abb. 17, S. 33, Abb. 18, S. 34). Solch ein Ligand wird mehrzähnig genannt, wobei die Anzahl seiner Bindungen an das Zentralion die Zähnigkeit angibt. Der prominenteste und mit Abstand am häufigsten gefragte Vertreter dieser **Chelatoren** (Ligand im Chelatkomplex) ist das **EDTA mit sechs Zähnen** und vier negativen Ladungen pro Molekül (s. Abb. 9, S. 16). Mit nur zwei Zähnen (= seine Aminogruppen) ausgestattet, aber dennoch gefragt, ist der zweizähnige Chelator Ethylendiamin (1,2-Diaminoethan).

Merke!

EDTA ist ein sechszähniger Ligand, Ethylendiamin ein zweizähniger.

Analog zu den einfachen Komplexen sind auch Chelatkomplexe meist Metallkomplexe. Im Vergleich zu den Metallkomplexen mit einzähnigen Liganden sind Chelatkomplexe jedoch **stabiler**. Dies ist einer der Gründe dafür, warum man sie zur Behandlung von Schwermetallvergiftungen einsetzt. Ein Beispiel für einen solchen Chelator ist der **zweizähnige Ligand Dithioglycerin (Dimercaprol)**, der Schwermetallionen wie Quecksilber bindet (s. Abb. 16, S. 33). Chelatkomplexe bilden sich mit Ionen von Übergangsmetallen wie Eisen (Fe) oder Kobalt (Co), aber auch mit anderen Metallionen wie Magnesium (Mg). Eisen findet sich z. B. in den Chelatkomplexen Hämoglobin und Myoglobin, Kobalt im Vitamin B_{12} (daher auch sein zweiter Name (Cyano-)**Cobal**amin) und Magnesium ist das Zentralion im Blattfarbstoff Chlorophyll.

Und zum Abschluss noch ein Schmankerl (s. Abb. 17, S. 33 und Abb. 18, S. 34):

- Im Cyanocobalamin ist an das Zentralion Kobalt NICHT der Imidazolrest eines Histidins gebunden (das ist im Hämoglobin so), sondern ein Benzimidazolrest. Das Kobalt besitzt sechs Koordinationsstellen (genau wie das Eisen im sauerstoffbeladenen Hämoglobin) und ist mit vieren davon an ein Corrin-Ringsystem gebunden.

- Beim Hämoglobin heißt das Ringsystem Porphyrinring und ist ein Tetrapyrrol-System. Es bindet an vier Stellen das Zentralion Eisen, ist daher ein vierzähniger Chelator und wird zusammen mit dem Eisen als Häm(-gruppe) bezeichnet.

Wird Hämoglobin mit Kohlenmonoxid anstelle von Sauerstoff beladen, bleibt die Wertigkeit des Zentralions Eisen unverändert 2+.

3.4.3 Ligandenaustauschreaktionen

In diesem Abschnitt geht es um eine typische und gern gefragte Reaktionsform von Komplexverbindungen. Wie der Name bereits andeutet, werden hier die vorhandenen Liganden zum Teil oder komplett durch andere ersetzt. Allgemein formuliert sieht das so aus:

$[Me(H_2O)_x]^y + z\,L \rightarrow [Me(L)_z]^y + x\,H_2O$.

Hier wird der elektrisch neutrale Ligand Wasser vollständig durch den neuen Liganden L ersetzt. Ist L ebenfalls elektrisch neutral, bleibt die Gesamtladung des Komplexes gleich der Ladung des Zentralions. Besitzt L eine Ladung, so wird diese mit der Anzahl z von L multipliziert und anschließend noch mit der Ladung des Zentralions verrechnet.

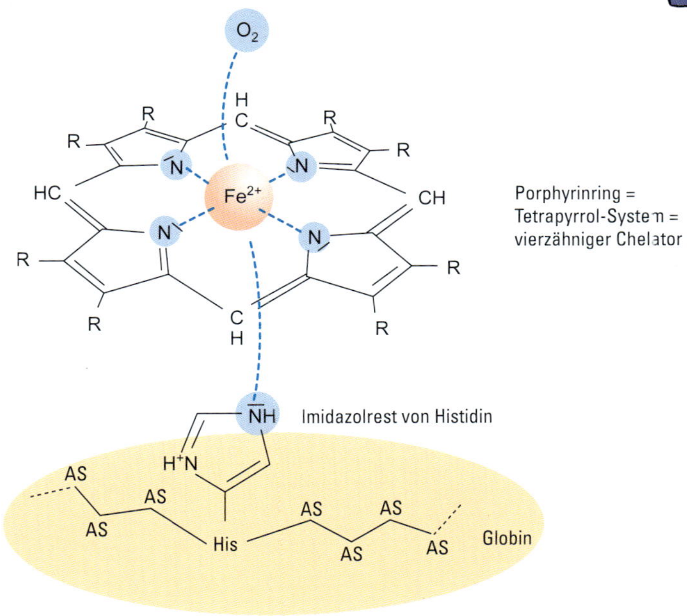

Abb. 16: Hämoglobin

medi-learn.de/7-ch1-16

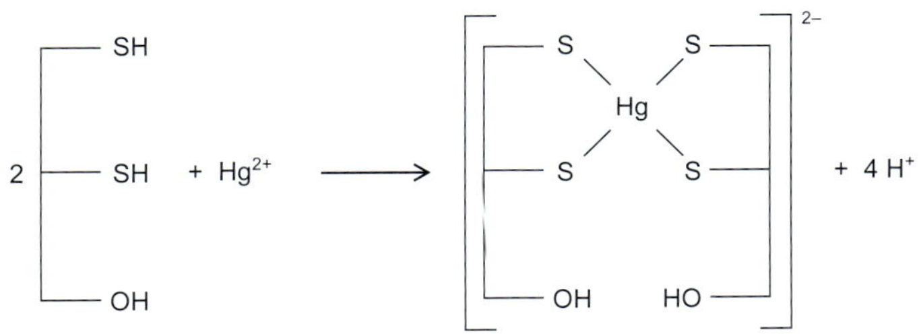

Abb. 17: Dithioglycerin (= Dimercaprol)

medi-learn.de/7-ch1-17

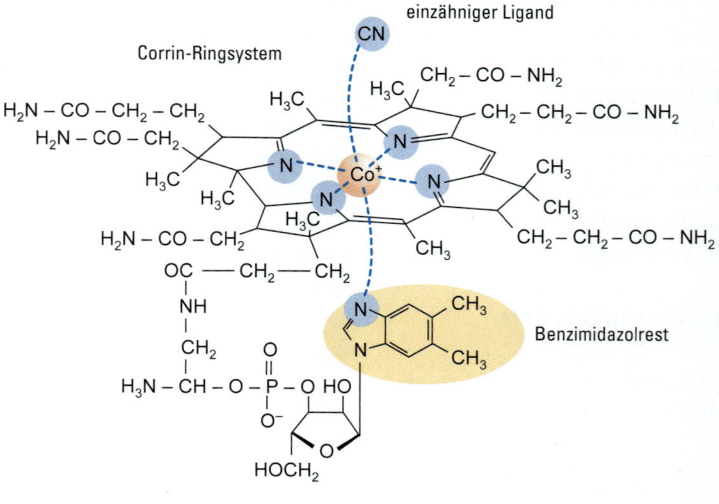

Abb. 18: Cyanocobalamin/Vitamin B12

medi-learn.de/7-ch1-18

Beispiel

Klingt recht kompliziert, ist aber ganz einfach, wie diese Beispiele zeigen:

- $[Cu(H_2O)_4]^{2+} + 2Cl^-$
  $\rightarrow$ $[Cu(H_2O)_2(Cl)_2] + 2\,H_2O$
  oder
- $[Fe(H_2O)_6]^{3+} + 2\,SCN^-$
  $\rightarrow$ $[Fe(H_2O)_4(SCN)_2]^+ + 2\,H_2O$
  oder
- $[Ca(H_2O)_6]^{2+} + EDTA^{4-}$
  $\rightarrow$ $[Ca(EDTA)]^{2-} + 6\,H_2O$

Bei all diesen Reaktionen handelt es sich um Ligandenaustauschreaktionen, bei denen sich außerdem die Gesamtladung des Metallkomplexes ändert. Dies geschieht dadurch, dass der neue Ligand/die neuen Liganden Ladungen in den Komplex mitbringen. Das Zentralion ändert seine Ladung dabei NICHT (= Kupfer und Calcium bleiben zweifach positiv, Eisen dreifach positiv geladen).

DAS BRINGT PUNKTE

Aus den Abschnitten 3.1 bis 3.4 sind Fragen zu den Themen **chemisches Gleichgewicht** inkl. Gleichgewichtskonstante und **Metallkomplexe** die Hauptpunktebringer. Unbedingt merken solltest du dir daher, dass

- die Geschwindigkeit der Einstellung eines Gleichgewichts (z. B. auch des Donnan-Gleichgewichts, s. 3.2.5, S. 28) von der Temperatur abhängig ist,
- sich ein Gleichgewicht durch ein Enzym (z. B. die Carboanhydrase) schneller einstellt, aber nicht verschoben wird,
- im Gleichgewichtszustand die Geschwindigkeiten der Hin- und Rückreaktion gleich sind. Daher gilt auch

  $$K = \frac{k_{(hin)}}{k_{(rück)}}$$

  mit k = Geschwindigkeitskonstante (s. 5.2, S. 70);
- in einem eingestellten Gleichgewicht der Wert der Gleichgewichtskonstanten K konstant bleibt, auch wenn sich die Konzentrationen der einzelnen Reaktionspartner ändern,
- die Gleichgewichtskonstante K temperaturabhängig ist,
- die Gleichgewichtskonstante K im Gleichgewicht den Wert: Konz. Produkte/Konz. Edukte erreicht,
- die Reaktion bei K > 1 exergon ist (freiwillig abläuft, mehr dazu s. 4.1, S. 59),
- eine Komplexreaktion an den eckigen Klammern zu erkennen ist,
- die Koordinationszahl die Anzahl der Bindungen zwischen Zentralion und Ligand(-en) angibt und diese Bindungen z. B. durch Pfeile dargestellt werden,
- die Gesamtladung eines Metallkomplexes die Summe der Ladungen von Liganden und Zentralion ist,
- die Nebengruppenelemente die stärkste Tendenz zur Komplexbildung haben,
- Ligandenaustauschreaktionen typisch für Komplexe sind und sich dabei die Gesamtladung ändern kann, ohne dass das Zentralion seine Ladung ändert (wenn ein geladener Ligand gebunden wird),
- ein (1 : 1)-Komplex aus EDTA und Calciumionen sechs koordinative Bindungen enthält und
- sich Chelatkomplexe mit Ionen von Metallen (sowohl Übergangsmetallen als auch anderen Metallen) bilden können.

Zum Thema **Salze** solltest du wissen, dass

- sich die Kationen und Anionen über Ionenbindungen in charakteristischen Gitterverbänden zusammenlagern,
- sich die Ionen beim Lösen in Wasser mit einer Hydrathülle umgeben und nicht mit OH- oder sonst einem Bestandteil des Wassers reagieren,
- sich die Löslichkeit eines Salzes (wie Calciumoxalat) verringert, wenn die Konzentration einer seiner Ionenarten (wie Ca^{2+}) in der Lösung erhöht wird,
- eine übersättigte Lösung dann vorliegt, wenn mehr Salz in die Lösung gegeben wird, als lösbar ist (Menge an Salz > als Löslichkeit) und
- Natriumchlorid (NaCl) aus zwei und Calciumchlorid ($CaCl_2$) aus drei Ionen pro Formelsatz aufgebaut sind und der osmotische Druck (bei gleicher Konzentration) daher im Verhältnis 2:3 steht.

Zu den **übrigen Themen** kommen immer mal wieder Fragen, deren Antworten aber leider jedes Mal einen anderen Aspekt abdecken und sich daher schlecht verallgemeinern lassen.
Zuverlässig punkten kannst du am ehesten, wenn du weißt, dass

- die chemische Zusammensetzung von Stoffgemischen UNDEFINIERT ist,
- der Verteilungskoeffizient K über die Geschwindigkeit der Verteilung NICHTS aussagt,

DAS BRINGT PUNKTE

- sich mit Temperaturzunahme der Aggregatzustand eines Stoffes von fest über flüssig zu gasförmig ändert und dabei die Entropie (Unordnung, s. 4.1.2, S. 60) jedes Mal zunimmt,
- der osmotische Druck von der Temperatur abhängig ist und
- auch der Dampfdruck von der Temperatur abhängig ist, jedoch NICHT von der Menge der Flüssigkeit.

FÜRS MÜNDLICHE

Alles im Gleichgewicht? Prima! Dann kommen hier nun die Fragen zum Kapitel „Gleichgewichtsreaktionen & Komplexe" bei denen du hoffentlich weder aus dem Gleichgewicht gerätst, noch Komplexe bekommst.

1. **Erläutern Sie bitte, warum man Enzyme auch als Biokatalysatoren bezeichnet!**
2. **Was verstehen Sie unter einer Emulsion? Erläutern Sie bitte den Begriff anhand eines Beispiels aus dem Körper.**
3. **Was verstehen Sie unter Osmose, Diffusion und Donnan-Gleichgewicht?**
4. **Definieren Sie bitte den Begriff Hydratation.**
5. **Welche natürlichen Chelatkomplexe kennen Sie?**

---

1. Erläutern Sie bitte, warum man Enzyme auch als Biokatalysatoren bezeichnet!
Weil Enzyme einige Gemeinsamkeiten mit chemischen Katalysatoren haben:
- Senkung der Aktivierungsenergie (s. 4.2, S. 61) einer Reaktion und dadurch Beschleunigung der Gleichgewichtseinstellung,
- keine Veränderung/Verbrauch durch die Reaktion,
- keine Beeinflussung der Lage des Gleichgewichts und
- keine Beeinflussung der Triebkraft ΔG (s. 4.1.2, S. 60) einer Reaktion.

2. Was verstehen Sie unter einer Emulsion? Erläutern Sie bitte den Begriff anhand eines Beispiels aus dem Körper.
Eine Emulsion ist ein heterogenes Gemisch aus mehreren nicht ineinander löslichen Flüssigkeiten. Beispiel Fettverdauung: Im Duodenum werden die wasserunlöslichen Fette durch Gallensäure emulgiert. Es bilden sich Mizellen.

3. Was verstehen Sie unter Osmose, Diffusion und Donnan-Gleichgewicht?
- Osmose: Gelöste Teilchen (z. B. Ionen) können nicht von einer Seite der Membran zur anderen gelangen, wenn die Membran semipermeabel ist, und daher nur Lösungsmittel passieren lässt.
- Diffusion: gelöste Teilchen (z. B. Ionen) wandern passiv (z. B. von einer Seite der Membran zur anderen). Antrieb durch Konzentrationsgradienten und elektrisches Feld.
- Donnan-Gleichgewicht: Manche Ionen können durch die Membran diffundieren, andere können diese Barriere

nicht überwinden. Resultat: Gleichgewicht, bei dem die Produkte der Konzentrationen aller wanderungsfähigen Stoffe auf beiden Seiten gleich sind.

4. Definieren Sie bitte den Begriff Hydratation.

Hydratation bezeichnet den Vorgang der Hydrathüllenbildung, z. B. um Ionen beim Lösen eines Salzes in Wasser. Dies ist KEINE chemische Reaktion.

5. Welche natürlichen Chelatkomplexe kennen Sie?

Beispiele:

- Häm (im Hämoglobin und Myoglobin),
- Cytochrome (Atmungskette, Biotransformation),
- Coenzym Vit B_{12} und
- Enzyme (z. B. Carboxypeptidase, Alkoholdehydrogenase).

Mehr Cartoons unter www.medi-learn.de/cartoons

Pause

Kurzes Päuschen gefällig?
Das hast du dir verdient!

3.5 Säuren und Basen

Zwei Begriffe, ein umfangreiches und medizinisch sehr wichtiges Thema. Die Säure- und Basenkonzentrationen (und damit die pH-Werte) in unserem Körper müssen streng kontrolliert und in engen Grenzen konstant gehalten werden, da z. B. das Blut und die Extrazellulärflüssigkeit nur bei pH 7,4 (s. 3.5.2, S. 41) ihre Aufgaben erfüllen können und Enzyme nur in einem ganz bestimmten pH-Bereich arbeiten. Auch für die Verdauung ist der pH-Wert wichtig, denn ohne Säure im Magen hätten Bakterien ein leichteres Spiel und wir Schwierigkeiten die Proteine klein zu kriegen, ohne die Basen im Dünndarm könnten wir die Nährstoffe weder spalten noch resorbieren etc. Fazit: Auch als Mediziner solltest du dich mit Säuren und Basen auskennen. Abgesehen von der klinischen Relevanz kommen zu diesem Thema auch Jahr für Jahr zahlreiche Fragen im Physikum. Grund genug, sogleich mit dem Auswendiglernen der Definitionen dieser beiden Begriffe zu beginnen.

Merke!

Nach Brönsted ist eine Säure eine Substanz, die Protonen (H^+-Ionen) abgibt (Protonendonator), und eine Base der Reaktionspartner, der Protonen aufnimmt (Protonenakzeptor). Eine Säure-Base-Reaktion wird daher auch als Protonenübertragungsreaktion bezeichnet.

Beispiel

HCl	+	NH_3	⇆	Cl^-	+	NH_4^+
(Säure)	+	(Base)	⇆	(Base)	+	(Säure)

Hat die Säure ihr H^+-Ion abgegeben, wird sie zu einem Teilchen, das bei der Rückreaktion wieder ein H^+-Ion aufnimmt, und daher definitionsgemäß zu einer Base.

Merke!

- Durch Protonenabgabe wird aus einer Säure eine Base.
- Durch Protonenaufnahme wird aus einer Base eine Säure.

An Säuren solltest du kennen:
- Salzsäure (HCl) und Schwefelsäure (H_2SO_4) als Vertreter der starken Säuren (s. 3.5.1, S. 39),
- Essigsäure (CH_3COOH), Schwefelwasserstoff (H_2S) und Blausäure (HCN) als Vertreter der schwachen Säuren (s. 3.5.1, S. 39),
- Schwefelsäure (H_2SO_4) und Phosphorsäure (H_3PO_4) als Vertreter mehrprotoniger Säuren sowie
- die ebenfalls mehrprotonige Kohlensäure (H_2CO_3) und wissen, dass eine Lösung von Kohlendioxid (CO_2) in Wasser (H_2O) Kohlensäure liefert und daher sauer reagiert.

An Basen solltest du kennen:
- Natronlauge (NaOH) als Vertreter der starken Basen (s. 3.5.1, S. 39) und wissen, dass z. B. 1 Mol NaOH auch 1 Mol OH^--Ionen liefert sowie
- Ammoniak (NH_3) als Vertreter der schwachen Basen (s. 3.5.1, S. 39).

Merke!

Eine Protonenabgabe ist KEINE Oxidation und die Phosphorsäure daher auch KEIN Oxidationsmittel (s. 3.6, S. 51). Protonenabgabe bedeutet H^+-Ionen abzugeben, für eine Oxidation müsste dagegen Wasserstoff (H_2) abgegeben werden!

Übrigens ...
Hydroxylapatit und Fluorapatit sind Salze der Phosphorsäure. Außer in den Physikumsfragen kommen die beiden in unseren Zähnen vor, und Hydroxylapatit auch noch in den Knochen.

Bevor wir uns jetzt gleich intensiv der Stärke von Säuren und Basen widmen, noch ein paar wichtige allgemeine Begriffsdefinitionen:

- Protolyse ist ein anderer Ausdruck für Protonenübertragungsreaktion.
- Ein Ampholyt ist eine Substanz, die sowohl als Säure als auch als Base reagieren kann. Klassisches Beispiel ist das Wasser:
  $H_2O + H_2O \leftrightarrows H_3O^+ + OH^-$
- Diese Reaktion bezeichnet man als Autoprotolyse, da hier ein Wassermolekül ein Proton abgibt, das von einem anderen Wassermolekül aufgenommen wird. Es findet also quasi eine Protonenübertragung eines Stoffes „auf sich selbst" (griech. auto) statt.
- Unter dem Dissoziationsgleichgewicht versteht man das Gleichgewicht, das sich z. B. beim Zerfall einer Säure (wie HCl) in ihre Ionen (hier Cl^- und H^+) einstellt: Die Gleichgewichtskonstante K heißt dann Dissoziationskonstante K_s.

3.5.1 Stärke von Säuren und Basen

Löst man Säuren oder Basen in Wasser, so kommt es zur Protolyse, d. h. Säuren übertragen ihre H^+-Ionen auf die Wassermoleküle und bilden H_3O^+-Ionen, Basen nehmen die H^+-Ionen der Wassermoleküle auf und machen sie dadurch zu OH^--Ionen. Eine saure Lösung erkennt man folglich daran, dass dort mehr H_3O^+-Ionen als OH^--Ionen vorliegen, in einer basischen/alkalischen Lösung finden sich dagegen mehr OH^--Ionen als H_3O^+-Ionen.
Wie stark eine Säure ist, hängt davon ab, wie vollständig sie dissoziiert (ihre Protonen abgibt), die Stärke einer Base zeigt sich daran, wie vollständig sie protoniert ist (Protonen des Lösungsmittels aufnimmt).
Im Examen wird für die Konzentration der Protonen/Wasserstoffionen in einer Lösung auch (H^+) anstelle von (H_3O^+) geschrieben. Lass dich davon bitte nicht verwirren, es bedeutet das Gleiche.

Beispiele

$$HCl + H_2O \leftrightarrows H_3O^+ + Cl^-$$

Das MWG (s. 3.1.2, S. 25) für dieses Gleichgewicht lautet:

$$K = \frac{[H_3O^+] \cdot [Cl^-]}{[HCl] \cdot [H_2O]}$$

Da die Konzentration des Wassers als Lösungsmittel viiiiieeel größer ist als die aller anderen Reaktionspartner (und damit annähernd konstant), nimmt man sie in K auf und es entsteht die **Dissoziationskonstante K_S** der Säure:

$$K_s = \frac{[H_3O^+] \cdot [Cl^-]}{[HCl]}$$

Bei einer Base macht man das genauso:
$NH_3 + H_2O \leftrightarrows OH^- + NH_4^+$
Es ergibt sich die Dissoziationskonstante K_B der Base:

$$K_B = \frac{[OH^-] \cdot [NH_4^+]}{[NH_3]}$$

Beim Wasser erhält man durch dieses Vorgehen die Dissoziationskonstante K_w des Wassers, die im Examen meist unter der Bezeichnung Ionenprodukt des Wassers auftaucht:
$K_w = [H_3O^+] \cdot [OH^-]$
Sein Zahlenwert beträgt 10^{-14} mol^2/l^2.
Dies bestätigt, was sicherlich jeder schon wusste: Wasser liegt größtenteils undissoziiert vor. Sollte daher mal wieder gefragt werden, wo der Dissoziationsgrad (Protolysegrad) von (reinem) Wasser (bei 25 °C) liegt, so nehmt einfach die kleinste angebotene Zahl. Wem das zu ungenau ist, der darf sich auch gerne die korrekte Antwortmöglichkeit < 0,0005 % merken.

Die Stärke einer Säure bzw. Base lässt sich nun einfach aus dem Wert von K_S bzw. K_B ablesen:

- Bei $K_S > 1$ sind es starke Säuren, die praktisch vollständig dissoziieren (Gleichgewicht auf der Seite der Produkte).

- Bei $K_B > 1$ sind es starke Basen, die praktisch vollständig protoniert vorliegen (Gleichgewicht auf der Seite der Produkte).
- Bei $K_S < 1$ sind es schwache Säuren, die wenig dissoziieren (Gleichgewicht auf der Seite der Edukte).
- Bei $K_B < 1$ sind es schwache Basen, die kaum protoniert vorliegen (Gleichgewicht auf der Seite der Edukte).

Anstelle der K_S (K_B)-Werte verwendet man häufig deren negativ dekadischen Logarithmus, d. h. die pK_S (pK_B)-Werte:

- Bei pK_S (pK_B) < 0 sind es starke Säuren (Basen)
- Bei pK_S (pK_B) > 0 sind es schwache Säuren (Basen)

Die K_S (K_B)-Werte verhalten sich also umgekehrt zu den pK_S (pK_B)-Werten: Je größer die K_S (K_B)-Werte, desto kleiner die pK_S (pK_B)-Werte und desto stärker die Säure (Base).
Außerdem stehen die K_S- und die K_B-Werte eines Säure-Base-Paars miteinander in folgender Beziehung:
$K_S \cdot K_B = 10^{-14}$
Für die pK_S (pK_B)-Werte ergibt sich analog dazu:
$pK_S + pK_B = 14$
Diese Zusammenhänge erlauben es, bei bekannter Säurestärke die Stärke der Base auszurechnen und offenbaren dabei folgende Gesetzmäßigkeit:

Merke!

- Je stärker die Säure, desto schwächer ihre (korrespondierende) Base.
- Je schwächer die Säure, desto stärker ihre Base.

Diese Beziehungen gelten entsprechend für die Basen.

In den Aufgaben des schriftliche Examens wurden die benötigten K-Werte oder pK-Werte immer angegeben.

Die K-Werte/pK-Werte sind – wie beinahe alles in der Chemie – temperaturabhängig.
Die hier vorgenommene Einteilung in stark und schwach ist eine grobe, aber praktische Vereinfachung. Zur Beantwortung der Physikums-Fragen reicht sie jedoch aus und mehr willst du ja auch nicht, oder?

Beispiel

- HCl hat den K_S-Wert 10^6 (= pK_S-Wert –6) und gehört damit zu den starken Säuren, die so gut wie vollständig dissoziieren:

$$K_S = 10^6 = \frac{[H_3O^+] \cdot [Cl^-]}{[HCl]} = \frac{1000000}{1}$$

Für ihre Base Cl^- errechnet man den K_B-Wert 10^{-20} (= pK_B-Wert 20) und findet den Zusammenhang bestätigt: Diese Base ist extrem schwach. Die Cl^--Ionen nehmen also so gut wie nie ein Proton auf.

- CH_3COOH hat den K_S-Wert $10^{-4,75}$ (= pK_S-Wert 4,75) und gehört damit zu den schwachen Säuren, die wenig dissoziieren:

$$K_S = 10^{-4,75} = \frac{[H_3O^+] \cdot [CH_3COO^-]}{[CH_3COOH]} = \frac{1}{56234}$$

Für ihre Base CH_3COO^- errechnet man den K_B-Wert $10^{-9,25}$ (= pK_B-Wert 9,25) und wundert sich: Auch diese Base ist noch schwach. Sollte die nicht stark sein? Ja, aber wie so vieles ist auch dieser Begriff relativ zu sehen. Im Vergleich zur Base der Salzsäure ist die Base der Essigsäure schon recht stark (nimmt gerne ein Proton auf, s. Gleichgewichtslage 3.1.1, S. 24). Vergleicht man sie dagegen mit einer echten Base, wie NaOH (pK_B-Wert – 1,74), so ist sie natürlich schwach.

Was für die Prüfung zählt, ist, ob die Lösung der Ionen sauer oder basisch reagiert. Und hier enttäuscht uns die oben

genannte Regel und auch die korrespondierende Base der Essigsäure – die übrigens Acetat genannt wird – nicht: Eine Acetatlösung reagiert tatsächlich basisch (im Gegensatz zur Cl^--Lösung, die neutral reagiert).

Acetat CH_3COO^- ist das Salz der Essigsäure. Allgemein sagt man daher auch oft anstelle von „die korrespondierende Base" der Säure einfach „das Salz der Säure". Weitere wichtige Salze sind

- Hydrogensulfat HSO_4^-/Sulfat SO_4^{2-} (aus der Schwefelsäure)
- Hydrogencarbonat HCO_3^-/Carbonat CO_3^{2-} (aus der Kohlensäure)
- Chlorid Cl^- (aus der Salzsäure)
- Nitrat NO_3^-(aus der Salpetersäure)
- Nitrit NO_2^- (aus der salpetrigen Säure)

Möchtest du vorhersagen, ob eine Salzlösung sauer oder basisch reagiert, so gibt es eine einfache Regel:

Merke!

Die Salze starker Säuren und Basen reagieren neutral, die Salze schwacher Säuren basisch, die Salze schwacher Basen sauer, da bei den schwachen Vertretern die Eigenschaften ihrer „starken" Salze überwiegen.

Mit dieser Regel und der Kenntnis der wichtigen Vertreter starker und schwacher Säuren/Basen (s. 3.5.1, S. 39) sollten sich diese Themenaufgaben des schriftlichen Examens locker meistern lassen.

Beispiel

Gibt man 1 Liter Schwefelsäure mit der Konzentration 1 mol/l zu 1 Liter Ammoniaklösung mit der Konzentration 2 mol/l, wie reagiert dann die Mischung – sauer, neutral oder basisch?

Hier ist gleich doppelt Vorsicht geboten:

- Erstens ist die Schwefelsäure (H_2SO_4) eine zweiprotonige Säure (Folge: H_3O^+-Ionenkonzentration = 2 mol/l) und 1 Liter einer Schwefelsäure mit der Konzentration 1 mol/l enthält daher genau so viele H_3O^+-Ionen, wie OH^--Ionen in 1 Liter Ammoniaklösung (NH_3) mit der Konzentration 2 mol/l enthalten sind.
- Zweitens gehört die Schwefelsäure zu den starken Säuren, Ammoniak aber zu den schwachen Basen. Daher reagiert – trotz gleicher Mengen an H_3O^+- und OH^--Ionen – die Mischung aus H_2SO_4 und NH_3 NICHT neutral, sondern sauer. Grund: Die Salze schwacher Basen (hier Ammoniumsulfat aus NH_4^+- und SO_4^{2-}- Ionen aufgebaut) reagieren sauer (s. Merke, Spalte 1).

Als Abschluss noch zwei Specials für Fortgeschrittene:

- Vergleicht man den pK_S-Wert von Chloressigsäure mit dem von Essigsäure, so findet man, dass Chloressigsäure einen kleineren pK_S-Wert hat und folglich die stärkere Säure (stärker dissoziiert) ist. Der Grund dafür ist die hohe Elektronegativität von Chlor (s. Abb. 3, S. 8). Es zieht die Bindungselektronen stark zu sich und erleichtert dadurch die Abgabe des Protons.
- Vergleicht man den pK_S-Wert von HCl mit dem von HI, so findet man, dass HI den kleineren pK_S-Wert hat und damit die stärkere Säure ist. Begründung: HCl ist schwächer dissoziiert als HI, da aufgrund des größer werdenden Atomradius die Bindungsenergie vom Chlor zum Iod hin abnimmt (s. Abb. 5, S. 9) und das Proton daher leichter abgespalten wird.

3.5.2 pH-Wert-Berechnung

Hier folgen zunächst die absolut wichtigen Definitionen der Grundbegriffe.

3

Merke!

Der pH-Wert gibt an, wie hoch die Konzentration an H_3O^+-Ionen in einer Lösung ist, der pOH-Wert gibt an, wie hoch die Konzentration an OH^--Ionen in einer Lösung ist:

- $pH = -lg [H_3O^+]$, also der negativ dekadische Logarithmus der H_3O^+-Ionen-Konzentration
- $pOH = -lg [OH^-]$, entsprechend der negativ dekadische Logarithmus der OH^--Ionen-Konzentration.

Analog zu den pK-Werten (s. 3.5.1, S. 39 ff.) gilt: **pH + pOH = 14**.

Kannte man diese Definitionen und konnte zudem noch mit Hochzahlen rechnen (s. 1.2.1, S. 1), ließen sich folgende Examensfragen bereits lösen:

Frage: Was bedeutet ein Abfall des pH-Werts von 7,4 auf 6,4?

Lösung mithilfe der Definition pH = –lg [H_3O^+]: Da der pH-Wert negativ logarithmisch mit der Konzentration der H_3O^+-Ionen zusammenhängt, bedeutet ein Abfall des pH-Werts um 1 einen 10fachen Anstieg der H_3O^+-Ionenkonzentration.

Frage: Wie hoch ist die H_3O^+-Konzentration einer wässrigen Lösung mit dem pH 6,0?

Lösung mithilfe der Definition pH = –lg [H_3O^+]:
Zunächst musst du diese Gleichung nach der Protonenkonzentration [H_3O^+] auflösen:
$[H_3O^+] = 10^{-pH}$
Durch Einsetzen des pH-Wertes 6,0 in die Gleichung ergibt sich auch schon die gesuchte H_3O^+-Konzentration von 10^{-6} mol/l. Da diese Zahl als Antwortmöglichkeit aber nicht auftauchte, musstest du 10^{-6} mol/l noch umrechnen zu 0,000001 mol/l und weiter zu 1 µmol/l, was die korrekte Antwort war.

Frage: Die pH-Messung zweier Speichelproben ergibt:

pH-Wert der Probe 1 = 6,1
pH-Wert der Probe 2 = 6,4

Etwa wie groß ist die H_3O^+-Ionenkonzentration der Probe 1 im Vergleich zu der von Probe 2?
($10^{-0,3} \approx 0,50$; $6,1/6,4 \approx 0,95$; $6,4/6,1 \approx 1,05$; $e^{0,3} \approx 1,35$; $10^{0,3} \approx 2,0$)

a) Sie ist etwa halb so groß.
b) Sie ist etwa 5 % kleiner.
c) Sie ist etwa 5 % größer.
d) Sie ist etwa 35 % größer.
e) Sie ist etwa doppelt so groß.

Lösung mithilfe der Definition pH = –lg [H_3O^+]: Dazu musst du diese Gleichung wieder nach [H_3O^+] auflösen: $[H_3O^+] = 10^{-pH}$
Jetzt setzt du die angegebenen Zahlenwerte der beiden Speichelproben ein:
$[H_3O^+]^1 = 10^{-6,1}$
$[H_3O^+]^2 = 10^{-6,4}$
Rechnen mit Hochzahlen: Da nach dem Verhältnis von [H_3O^+] in Probe 1 zu Probe 2 gefragt ist, musst du jetzt nur noch die beiden Hochzahlen voneinander abziehen: $-6,1 - (-6,4) = 0,3$ und den Wert von $10^{0,3}$ aus der Aufgabe ablesen (= 2). Die H_3O^+-Ionenkonzentration der Probe 1 ist also doppelt so groß wie die der Probe 2.

Bevor du nun den pH-Wert einer Lösung berechnen kannst, musst du dir deren Zusammensetzung ansehen und erkennen, ob es sich um die Lösung einer starken oder schwachen Säure (Base) handelt (s. 3.5.1, S. 39). Ist diese Frage beantwortet, setzt du die angegebenen Werte in die entsprechende Formel ein, rechnest und fertig ist der pH.

Die Formel für starke Säuren lautet:
pH = –lg [Säure].

Für starke Basen braucht es einen Rechenschritt mehr: pOH = –lg [Base] und pH = 14 – pOH.

Beispiel
Welchen pH-Wert hat 1 Liter einer 10^{-4} M HCl?
$pH = -lg\ 10^{-4}$
$pH = 4$

Welchen pH-Wert hat eine 0,1 molare Natronlauge?
$pOH = -lg\ 10^{-1}$, also 1
$pH = 14 - 1$, also 13

Auch wenn es ums Verdünnen oder Konzentrieren starker Säuren/Basen geht, lässt sich die Formel: $pH = -lg\ [H_3O^+]$ gewinnbringend einsetzen.

Frage: Wenn in einem Liter Wasser 0,1 mol HCl gelöst sind und zu 10 ml dieser Lösung 90 ml Wasser gegeben werden, wie ändert sich dann der pH-Wert?

Lösung: Da HCl eine starke Säure ist, gilt $pH = -lg\ [HCl]$. Die angegebene Lösung enthält 0,1 mol HCl (und damit H_3O^+-Ionen) in 1 Liter und ist daher 0,1 molar oder mit Hochzahl ausgedrückt 10^{-1} molar. Der pH-Wert dieser Säure ergibt sich durch Einsetzen in die Formel:
$pH = -lg\ 10^{-1}$, was einen pH-Wert von 1 ergibt.
Nun musst du noch wissen, dass 10 ml Säure + 90 ml Wasser (= 1 Teil Säure + 9 Teile Wasser) einer Verdünnung der Säure von 1 : 10 entsprechen, und dies bedeutet, dass die verdünnte Lösung nur noch 0,01 molar (= 0,1 molar/10) ist. Der pH-Wert dieser 10^{-2} molaren Säure beträgt:
$pH = -lg\ 10^{-2}$ und das ergibt einen pH-Wert von 2.

Antwort: Durch 1 : 10-Verdünnung einer starken Säure nimmt deren pH-Wert um 1 zu.

Frage: Wenn 1 ml einer HCl-Lösung den pH-Wert 2 hat, wie viel Wasser muss man dann zugeben, damit die Lösung einen pH-Wert von 4 bekommt?

Lösung: Dieses Mal geht es andersherum: Der pH-Wert soll um 2 Einheiten, von 2 auf 4, ansteigen. Aus pH = 2 oder umgeformt $pH = -lg\ 10^{-2}$ (= 0,01 molar) soll pH = 4 oder umgeformt $pH = -lg\ 10^{-4}$ (= 0,0001) werden. Dazu muss die Lösung 1:100 verdünnt werden (0,01 molar/100 ergibt 0,0001 molar). Dies geschieht durch Zugabe von 99 ml Wasser zu dem in der Frage genannten 1 ml Säure (= 1 Teil Säure + 99 Teile Wasser).

Wird eine starke Säure 1 : 10 verdünnt, so nimmt ihr pH-Wert um 1 zu, wird sie 1 : 100 verdünnt, nimmt der pH-Wert um 2 zu, bei einer Verdünnung von 1 : 1000 um 3 etc. Bei Basen nimmt der pH-Wert durch Verdünnung entsprechend ab. Umgekehrt verhält es sich beim Konzentrieren starker Säuren/Basen.
Aber Vorsicht: Der pH-Wert einer Säure kann NIE größer als pH 7 werden, der pH-Wert einer Base NIE kleiner als pH 7.

Soviel zu den starken Vertretern der Säuren und Basen.

Die Formel für schwache Säuren lautet:
$pH = 0,5 \cdot (pK_S - lg[Säure])$
oder
$[H_3O^+] = \sqrt{K_S \cdot [Säure]}$ und

$pH = -lg\ [H_3O^+]$

Für schwache Basen gilt:
$pOH = 0,5 \cdot (pK_B - lg[Base])$ und $pH = 14 - pOH$
oder
$[OH^-] = \sqrt{K_B \cdot [Base]}$

$pOH = -lg\ [OH^-]$ und schließlich

$pH = 14 - pOH$

Beispiel
Berechnen Sie die Dissoziationskonstante K_S einer 1 molaren schwachen Säure mit dem pH-Wert 3.
Also her mit der passenden Formel:
$[H_3O^+] = \sqrt{K_S \cdot [\text{Säure}]}$, in die wir zunächst alle Angaben einsetzen und dann nach K_S auflösen:
Die Angabe pH = 3 gibt uns die $[H_3O^+] = 10^{-3}$, 1 molar bedeutet [Säure] = 1 und damit bleibt unter der Wurzel nur K_S stehen:
$10^{-3} = \sqrt{K_S}$ oder $K_S = 10^{-6}$
(s. 1.2.1, S. 3, Rechnen mit Hochzahlen).

Welchen pH-Wert hat eine Säure mit der Dissoziationskonstante 10^{-4} und der Konzentration 1 mol/l?

Nach Einsetzen der Angaben steht da:
$[H_3O^+] = \sqrt{10^{-4} \cdot 1 \text{ mol/l}}$ oder
$[H_3O^+] = 10^{-2}$
und das ergibt den pH-Wert 2.

Welchen pH-Wert hat eine 0,01 molare Lösung von Kohlendioxid in Wasser (pK_S = 6,4)?

Jetzt nimmt man am besten die andere Formel: pH = $0{,}5 \cdot (pK_S - \lg[\text{Säure}])$.
Nach Einsetzen aller Angabe lautet sie:
pH = $0{,}5 \cdot (6{,}4 - \lg 10^{-2})$ und das ergibt
$0{,}5 \cdot (6{,}4 + 2)$ und damit
pH = 4,2.

3.5.3 Titration

Unter Titration versteht man ein Verfahren, bei dem eine unbekannte Menge z. B. einer Säure durch Zugabe einer bekannten Menge Base vollständig zu Salz und Wasser umgesetzt/neutralisiert wird (s. Titrationskurven, S. 45f). Aus dem Verbrauch an Base bis zum Äquivalenzpunkt kann so die gesuchte Säuremenge bestimmt werden. Da sich bei einer Titration der pH-Wert von sauer immer weiter zu alkalisch wandelt, kann der Verlauf z. B. mit einer Wasserstoffelektrode verfolgt werden. Entsprechendes gilt für den umgekehrten Fall der Titration einer unbekannten Base mit einer bekannten Säure.

Merke!

Reagieren gleiche Mengen von H^+ und OH^--Ionen miteinander, findet eine Neutralisation statt.

Beispiel
Zur Neutralisation eines unbekannten Volumens einer 1 mol/l HCl braucht man das gleiche Volumen einer 1 mol/l NaOH.

Wird 1 Mol NH_3 mit 1 Mol Essigsäure titriert, entsteht als Neutralisationsprodukt Ammoniumacetat, das Salz aus den positiv geladenen **Ammoniumionen** (NH_4^+) und den negativ geladenen Acetationen (CH_3COO^-). 1 Mol Ammoniak ist daher äquivalent zu (es neutralisiert) 1 Mol Essigsäure.

Wodurch kann ein Basenüberschuss von 12 mmol/l im Blut neutralisiert werden?
Antwort: Durch Zugabe von 12 mmol/l H^+-Ionen.

Wenn für die Neutralisation von 30 ml Magensaft 90 ml einer 0,1 M NaOH verbraucht werden, welche Molarität M (s. 2.5, S. 11) hat dann diese Magensalzsäure?
Kein Problem mit dem guten alten Dreisatz (s. 1.2.1, S. 1):

$x \cdot 30 \text{ ml} = 0{,}1 \text{ mol/l} \cdot 90 \text{ ml}$

Aufgelöst nach x steht da:

$$x = \frac{0{,}1 \text{ mol/l} \cdot 90 \text{ ml}}{30 \text{ ml}}$$

und das ergibt $x = 0{,}3$ mol/l.

Ganz so einfach wie im Fall von HCl und NaOH oder NH_3 und CH_3COOH ist es leider nicht immer. Neben diesen einprotonigen Vertretern der Säuren und Basen, bei denen eine Konzentration von 1 mol/l auch zur Freisetzung von 1 mol/l H^+-/OH^--Ionen führt, gibt es nämlich auch noch mehrprotonige. Dazu gehören

- die zweiprotonige Schwefelsäure (H_2SO_4), von der 1 mol/l gleich 2 mol/l H^+-Ionen liefert (also nicht $6 \cdot 10^{23}$, sondern $1{,}2 \cdot 10^{24}$ H^+-Ionen) und
- die dreiprotonige Phosphorsäure (H_3PO_4), von der 1 mol/l sogar 3 mol/l H^+-Ionen freisetzt.

Zur Neutralisation von 10 ml einer 0,1 M Phosphorsäure braucht man daher 30 ml 0,1 M NaOH oder 10 ml 0,3 M NaOH, also jeweils das Dreifache. Im Fall der Schwefelsäure wäre es das Doppelte: So ließe sich 1 Liter einer 1 M Schwefelsäure mit 1 Liter einer 2 M Ammoniak-Lösung (NH_3) neutralisieren (s. Beispiel, 3.5.1, S. 39 ff).

Der Begriff Neutralisation bedeutet übrigens NICHT, dass der pH-Wert 7 ist. Wird z. B. eine starke Säure (wie Schwefelsäure) mit einer schwachen Base (wie Ammoniak) titriert, so reagiert das bei der Neutralisation entstandene Salz Ammoniumsulfat sauer. Titriert man eine schwache Säure (wie Essigsäure) mit einer starken Base (wie NaOH), so reagiert das Salz Acetat basisch. Der pH-Wert am Äquivalenzpunkt richtet sich also nach dem starken Titrationspartner (s. Abb. 19 b, S. 46). Sind sowohl Säure als auch Base stark oder beide schwach, so befindet sich der Äquivalenzpunkt bei pH 7 (s. Abb. 19 a, S. 45).

Eine weitere Eigenschaft der mehrprotonigen Säuren ist, dass sie in mehreren Stufen dissoziieren, d. h. sie geben ihre Protonen bei Basenzugabe nacheinander ab (s. Abb. 19 d, S. 47): Das erste H^+-Ion verlässt das Molekül relativ leicht, das zweite und dritte immer schwerer. Dies zeigt sich auch an den pK_S-Werten der jeweiligen Dissoziationsstufen: Der pK_S-Wert der 1. Stufe ist der kleinste, d. h. die Säure ist hier am stärksten, der pK_S-Wert der 2. Stufe ist schon größer und die Säure damit schwächer etc.

Merke!

Allgemein gilt für mehrprotonige Säuren:
$pK_{s1} < pK_{s2} < pK_{s3}$.

Die Anionen der mehrprotonigen Säuren sind Ampholyte, z. B. kann das HSO_4^--Ion H^+ aufnehmen und abgeben, genauso wie die Anionen der Phosphorsäure $H_2PO_4^-$ und HPO_4^{2-}. Dies ist ein Grund dafür, warum diese Anionen der Phosphorsäure ein Puffergemisch bilden.

Titrationskurven

Der Verlauf einer Titration wird meist als Kurvendiagramm wiedergegeben.
H_2O und Na^+-Ionen sind der Übersichtlichkeit wegen nur in Abb. 19 a, S. 45 aufgeführt.
Aus den Kurven lassen sich eine Menge gefragter Dinge ablesen. Dazu gehören:

- Der **Neutralpunkt** liegt immer bei pH 7.
- Am **Äquivalenzpunkt** (Wendepunkt der Kurve) verläuft die Kurve fast vertikal und der pH-Wert ändert sich sprunghaft. Hier wurden genauso viele OH^--Ionen zuge-

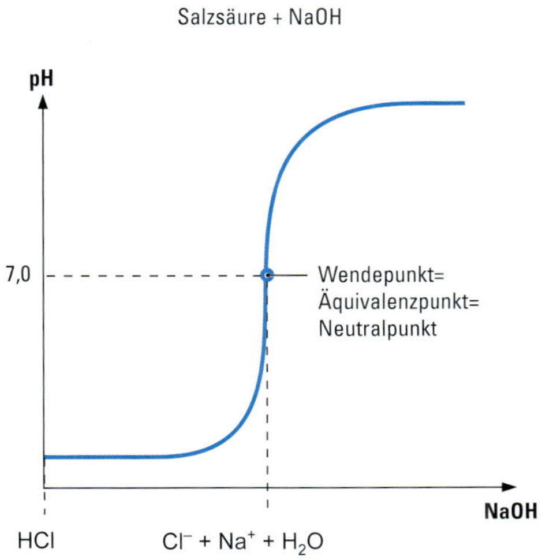

Abb. 19 a: Titrationskurve starke Säure + starke Base

medi-learn.de/7-ch1-19a

geben, wie H^+-Ionen da waren (s. Abb. 19 a, S. 45) oder umgekehrt, sodass an diesem Punkt beide Partner **vollständig miteinander zu Salz und Wasser reagiert** haben. Der pH-Wert richtet sich hier nach den Titrationspartnern: Sind sowohl Säure als auch Base stark oder schwach, liegt er bei pH 7 (s. Abb. 19 a, S. 45), ist die Säure stärker als die Base bei einem pH < 7 und ist die Base stärker als die Säure bei einem pH > 7 (s. Abb. 19 b, S. 46)

- Die **optimalen Pufferbereiche** (s. Abb. 19 d, S. 47) sind durch einen extrem flachen Kurvenverlauf gekennzeichnet, bei dem sich der **pH-Wert über eine längere Strecke NICHT ändert.** Sie befinden sich genau auf der Hälfte der Strecke zum jeweiligen Äquivalenzpunkt, also dort, wo halb so viele OH^- Ionen zugegeben wurden wie H^+-Ionen da waren oder umgekehrt und folglich die Konzentration von Salz und Säure gleich groß ist. Hier gilt: **pH = pK_S**.

Merke!

Nur schwache Säuren und Basen können Puffer bilden. Daher haben auch nur ihre Kurven Pufferbereiche.

Puffersysteme

Ein optimales Puffersystem erhält man beispielsweise, wenn 1 Mol Essigsäure mit 0,5 Mol Natronlauge versetzt werden (s. Abb. 19 b, S. 46). In der Lösung liegen dann 0,5 Mol Essigsäure und 0,5 Mol Acetat vor. Die Konzentration von Säure und Salz/korrespondierender Base sind hier also gleich groß, sodass gilt: pH = pK_S, ein wichtiges Kriterium für Puffer. Unter diesen Bedingungen können sie am meisten Säuren und Basen abpuffern. Was nichts anderes heißt, als die Zugabe einer gewissen Menge von Säuren und Basen zu tolerieren, ohne dass sich dadurch der pH-Wert ändert.

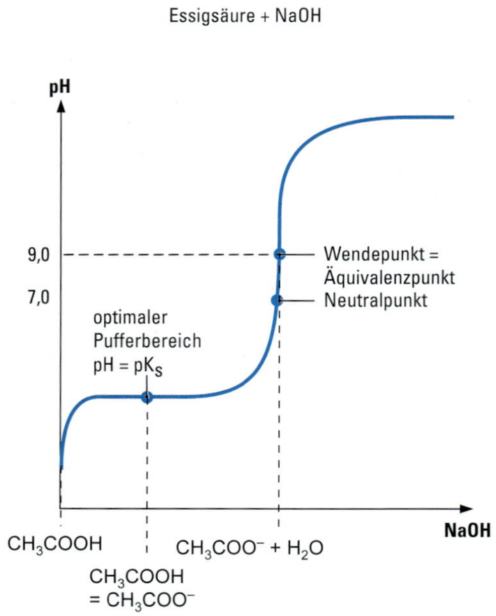

Abb. 19 b: Titrationskurve schwache Säure + starke Base *medi-learn.de/7-ch1-19b*

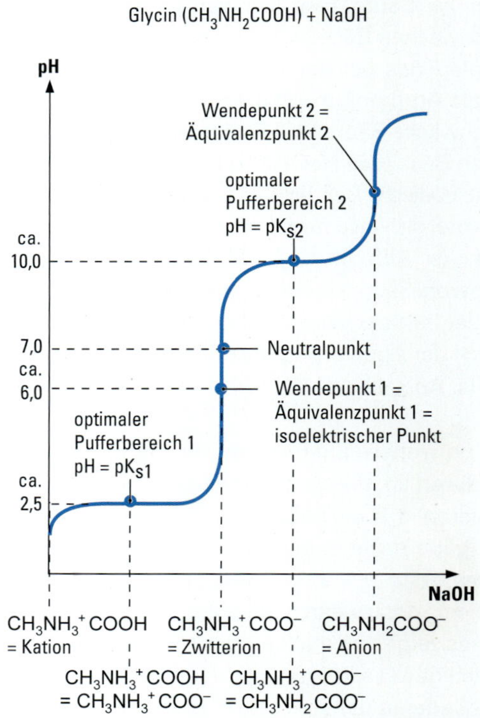

Abb. 19 c: Titrationskurve Aminosäure + starke Base *medi-learn.de/7-ch1-19c*

Dieser Zusammenhang wird auch aus der Puffergleichung ersichtlich – offiziell bekannt unter dem Namen Henderson-Hasselbalch-Gleichung:

$$pH = pK_S + \lg \frac{[Salz]}{[Säure]}$$

oder etwas abstrakter dargestellt:

$$pH = pK_S + \lg \frac{[A^-]}{[HA]}$$

Setzt du hier für Salz und Säure gleiche Konzentrationen ein, so bleibt nur noch $pH = pK_S$ stehen, da der Logarithmus von 1 ja Null ist.

Außer zur Bestimmung des optimalen Pufferbereichs dient die Henderson-Hasselbalch-Gleichung zur pH-Berechnung von Puffern.

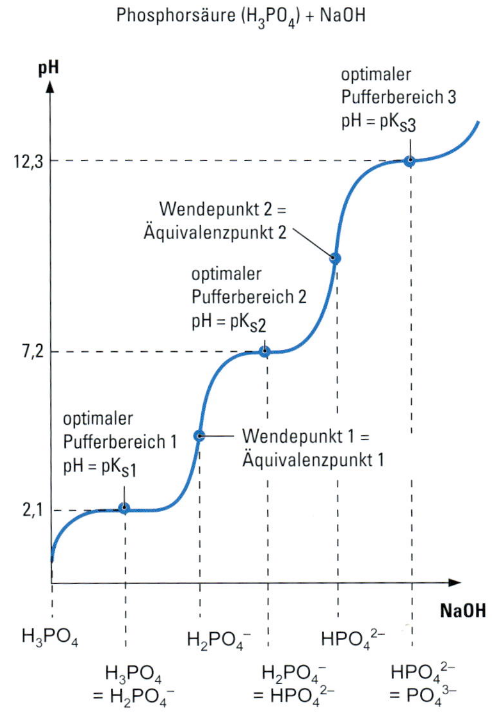

Abb. 19 d: Titrationskurve 3-protonige Säure + starke Base *medi-learn.de/7-ch1-19d*

Wie aus der Gleichung ersichtlich, wird der pH-Wert eines Puffersystems durch das **Konzentrationsverhältnis der schwachen Säure zu ihrer korrespondierenden Base** bestimmt.

Beispiel

Wenn in einem Puffersystem eine schwache Säure mit $pK_S = 6{,}5$ im Verhältnis 1 : 10 mit ihrem Salz vorliegt ($[HA] : [A^-] = 1 : 10$), welchen pH-Wert hat dann dieser Puffer? Das Einsetzen der Angaben in die Gleichung ergibt $pH = 6{,}5 + \lg 10/1$ und das wiederum ergibt einen pH von 7,5.

3

Zu den prüfungsrelevanten Eigenschaften von Puffern zählt weiterhin, dass

- Puffersysteme, die die gleiche Menge Elektrolyte (gleiche Pufferkonzentration = gleiche Menge an Salz und Säure) enthalten, die gleichen Mengen an OH^--und H_3O^+-Ionen abpuffern können sowie den gleichen pH-Wert haben.
- weder die Verdoppelung der Pufferkonzentration noch eine Verdünnung etwas am pH-Wert ändert (das wäre ja auch sehr verwunderlich, wo Puffer doch sogar die Zugabe von Säuren und Basen ohne pH-Wertänderung verkraften).
- der Begriff Pufferkapazität die Menge an Säure und Base meint, die eine Pufferlösung abfangen kann, und dass diese Pufferkapazität direkt von der Konzentration der Säure und ihrer korrespondierenden Base/Salz abhängt. Daher verringert sie sich auch beim Verdünnen eines Puffers: Ein verdünnter Puffer kann weniger OH^-- und H^+-Ionen abfangen, da er weniger abpuffernde Teilchen (Elektrolyte) enthält und damit eine geringere Pufferkapazität hat.

3

Merke!

Bei pH = pK_S ist die Pufferkapazität eines Puffers am größten (optimal).

Beispiel

Phosphatpuffer: Die Phosphorsäure hat drei Pufferbereiche (s. Abb. 19 d, S. 47). Physiologisch wichtig ist der 2. Dissoziationsstufe (pK_{S2}) bei pH 7,2. Hier liegen $H_2PO_4^-$ (Dihydrogenphosphat) und HPO_4^{2-} (Hydrogenphosphat) in gleichen Konzentrationen vor. Solch einen Puffer kann man z. B. mit einer 1:1-Mischung aus Natriumdihydrogenphosphat (Na H_2PO_4) und Natriumhydrogenphosphat (Na_2HPO_4) oder den entsprechenden Kaliumsalzen (KH_2PO_4 und K_2HPO_4) herstellen.

Vergleicht man 10 ml eines 0,1 mol/l Phosphatpuffers mit 100 ml eines 0,01 mol/l Phosphatpuffers, so enthalten die beiden – trotz der unterschiedlichen Konzentrationen – die gleiche Menge an Elektrolyten, da man beim weniger konzentrierten Puffer das Volumen entsprechend erhöht hat. Folglich können auch beide dieselbe Menge an Säure (Hydroniumionen)/Base (Hydroxylionen) abpuffern und haben den gleichen pH-Wert.

Kohlensäure/Bicarbonatpuffer:

Dieses Puffersystem ist der wichtigste Puffer des menschlichen Körpers (pK_s = 6,4). Kohlendioxid (CO_2) und Hydrogencarbonat (HCO_3^-) stehen dabei über die Kohlensäure (H_2CO_3) miteinander im Gleichgewicht:

$CO_2 + H_2O \leftrightarrows H_2CO_3 \leftrightarrows HCO_3^- + H^+$.

Für die Prüfung interessant ist daran noch, dass

- mit Zunahme des CO_2-Partialdrucks die HCO_3^--Konzentration im Blut ansteigt, was eine Verschiebung des Gleichgewichts nach rechts bedeutet. Die Gleichgewichtslage ist damit eine Funktion des CO_2-Partialdrucks (s. 3.1.1, S. 24).
- der Partialdruck des Kohlendioxids den pH-Wert beeinflusst: Je höher der Partialdruck, desto niedriger der pH (Verschiebung des Gleichgewichts nach rechts).
- sich mit steigender Temperatur immer weniger CO_2 in Wasser lösen kann und damit die Gleichgewichtslage eine Funktion der Temperatur ist (s. 3.2.2, S. 27). Das merkt man z. B. an sprudelndem Mineralwasser: Je wärmer, desto stiller wird es.
- sich beim Übergießen von z. B. $NaHCO_3$ (Natriumbicarbonat) mit HCl (d. h. Hinzufügen von H^+-Ionen) Kohlendioxid (CO_2) bildet (d. h. sich das Gleichgewicht nach links verschiebt).
- eine wässrige Lösung von $NaHCO_3$ alkalisch reagiert (= pH-Wert > 7). Dies kannst du dir vielleicht besser merken, wenn du dabei an den bicarbonatreichen und daher alkalischen Pankreassaft denkst. Außerdem hast du so auch schon wieder was für die Biochemie gelernt.

DAS BRINGT PUNKTE

Der Abschnitt **Säuren und Basen** behandelt ein im Physikum sehr beliebtes Thema. Fast alle oben dargestellten Inhalte wurden schon des Öfteren gefragt. Besonders häufig geprüfte und daher unbedingt wissenswerte Fakten sind:

- Natronlauge ist eine starke Brönstedt-Base, hat die Formel NaOH und liefert pro Mol auch 1 Mol OH^--Ionen.
- NH_3 ist eine schwache Brönstedt-Base.
- Salzsäure hat die Formel HCl und ist eine starke Brönstedt-Säure.
- Schwefelsäure hat die Formel H_2SO_4 und ist eine zweiprotonige starke Brönstedt-Säure, liefert pro Mol also 2 Mol H^+-Ionen.
- Essigsäure hat die Formel CH_3COOH und ist eine schwache Brönstedt-Säure.
- Wässrige Lösungen von Salzen schwacher Säuren reagieren basisch (z. B. Natriumacetat).
- Eine Lösung von Kohlendioxid in Wasser reagiert sauer, da dabei die schwache Säure Kohlensäure entsteht: $CO_2 + H_2O \leftrightarrows H_2CO_3$.
- Mit Zunahme des CO_2-Partialdrucks steigt die HCO_3^--Konzentration im Blut an, da CO_2 über die Kohlensäure mit HCO_3^- und H^+ im Gleichgewicht steht.
- Das Ionenprodukt des Wassers beträgt etwa $10^{-14} mol^2/l^2$.

Sowohl bei **Titrationen** als auch beim Thema **Puffer** liegt die Phosphorsäure (H_3PO_4) in der Fragenstatistik ganz weit vorne. Daher solltest du dir die folgenden Dinge gut einprägen:

- Die Titrationskurve der Phosphorsäure inkl. der Pufferbereiche und welche Säure-Base-Paare dort vorliegen (s. Abb. 19 d, S. 47).
- Die Tatsache, dass beim pK_{S2} der Phosphorsäure gilt: Konzentration $H_2PO_4^-$ = HPO_4^{2-}, und dass es sich dabei um ein Puffersystem handelt, dessen pH-Wert sehr nahe bei 7,0 liegt.
- Für H_3PO_4 gilt – wie für alle mehrprotonigen Säuren –, dass der pK_S-Wert der 1. Dissoziationsstufe < (kleiner) pK_{S2} < pK_{S3}.
- Die Phosphorsäure ist eine mittelstarke mehrprotonige Säure und KEIN Oxidationsmittel (s. 3.6, S. 51). Denn die H^+-Abgabe einer Säure ist KEINE Oxidation.
- Hydroxylapatit und Fluorapatit sind Salze der Phosphorsäure.

An **allgemeinen Fakten** zu diesen Themen sind wichtig:

- Der dem Wendepunkt (Äquivalenzpunkt) zugehörige pH-Wert auf der Titrationskurve entspricht dem isoelektrischen Punkt einer titrierten Aminosäure.
- pH = pK_S gilt am optimalen Pufferbereich. Er befindet sich auf der Hälfte der Strecke zum Äquivalenzpunkt (s. Abb. 19 b, S. 46, Abb. 19 c, S. 46, Abb. 19 d, S. 47), dort, wo gleiche Konzentrationen von Base/Salz und Säure einer Pufferlösung vorliegen und die Pufferkapazität damit am höchsten ist.
- Eine Verdoppelung/Halbierung (oder ganz allgemein: eine Erniedrigung/Erhöhung) der Pufferkonzentration bewirkt KEINE Veränderung des pH-Werts.

Daneben solltest du das **Dreisatz- und Logarithmusrechnen** (s. 1.2.1, S. 1 f) beherrschen sowie die Formeln zur **Berechnung des pH-Werts** für starke und schwache Säuren (Basen, s. 3.5.1, S. 39 ff) sowie Puffer (s. 3.5.3, S. 44 ff) auswendig wissen.

FÜRS MÜNDLICHE

Wieder was geschafft! Überprüfe nun dein Wissen zum Thema „Säuren und Basen" mit den folgenden Lernfragen.

1. **Welche biochemisch relevanten Säuren kennen Sie?**
2. **Was verstehen Sie unter einem Ampholyt? Erläutern Sie bitte den Begriff anhand eines biochemischen Beispiels.**
3. **Welchen pH-Wert hat das Blut und erläutern Sie wie er aufrechterhalten wird?**
4. **Welche Parameter beeinflussen Ihrer Meinung nach den Blut-pH?**

---

1. Welche biochemisch relevanten Säuren kennen Sie?
Beispiele:
- Fettsäuren,
- Aminosäuren,
- (Ribo-)Nukleinsäuren (RNA/DNA),
- Kohlensäure (Bicarbonatpuffer) und
- Phosphorsäure (Phosphatpuffer).

2. Was verstehen Sie unter einem Ampholyt? Erläutern Sie bitte den Begriff anhand eines biochemischen Beispiels.
Ein Ampholyt ist eine Substanz, die sowohl als Säure als auch als Base reagieren kann. Beispiel: Aminosäuren am isoelektrischen Punkt.
Die NH_2-Gruppe fungiert als Base, die COOH-Gruppe als Säure.
$NH_2 \rightarrow NH_3^+$, $COOH \rightarrow COO^-$.

3. Welchen pH-Wert hat das Blut und erläutern Sie wie er aufrechterhalten wird?
Der pH-Wert des Blutes beträgt 7,4. Konstanthaltung durch Puffer:
- Kohlensäure/Bicarbonatsystem,
- Proteinpuffer (Hämoglobin der Erys und Plasmaproteine) und
- Phosphatpuffer.

4. Welche Parameter beeinflussen Ihrer Meinung nach den Blut-pH?
H^+-Aufnahme über
- Nahrung (z. B. Fleisch),
- Stoffwechsel (z. B. CO_2, Laktat) und
- Atmung (verminderte CO_2-Abatmung).

H^+-Abgabe über
- Niere,
- Atmung (vermehrte CO_2-Abatmung) und
- Erbrechen.

OH^--Zufuhr durch
- Nahrung (Salze schwacher Säuren mit pflanzlicher Kost).

OH^--Ausscheidung durch
- Niere (HCO_3^-) und
- Durchfall.

Pause

Alles im Kopf!
Jetzt erst mal ein paar Minuten Pause!

3.6 Redoxreaktionen

Dieser Abschnitt ist der letzte Teilbereich des großen Kapitels Stoffumwandlungen. Die Menge seiner Inhalte, mit denen du dich in Chemie oft monatelang plagen musstest, lässt sich fürs schriftliche Physikum erfreulicherweise stark reduzieren.

Was du als Grundlage zum Thema Redoxreaktionen unbedingt beherrschen solltest, sind zunächst einmal die Definitionen der hierfür wichtigen Begriffe:

Merke!

- Eine Red**u**ktion ist eine Elektronena**u**fnahme.
- Eine Oxid**a**tion ist das Gegenteil, also eine Elektronenabg**a**be.
- **Red**uktion und **Ox**idation laufen immer gemeinsam als **Redox**reaktion ab: Wird ein Stoff reduziert (nimmt Elektronen auf), so muss gleichzeitig ein anderer oxidiert werden (Elektronen abgeben).
- Ein Oxidationsmittel ist ein Mittel zur Oxidation, also ein Stoff, der andere oxidiert und dabei selbst reduziert wird (Elektronen aufnimmt).
- Ein Reduktionsmittel ist ein Mittel zur Reduktion, also ein Stoff, der andere reduziert und dabei selbst oxidiert wird (Elektronen abgibt).
- Eine Hydrierung (Aufnahme von Wasserstoff) ist immer eine Reduktion.
- Eine Dehydrierung (Abgabe von Wasserstoff) ist immer eine Oxidation.

Wem jetzt der Kopf raucht, der sollte sich ruhig einige Minuten Zeit nehmen und diese Definitionen in aller Ruhe auf sich wirken lassen. Was beim ersten Durchlesen nämlich verwirrend anmutet, erscheint beim Wiederholen bestimmt logisch. Und: Sind diese Fakten einmal verstanden, hast du dir schon den Großteil des Redox-Themas erschlossen.

3.6.1 Oxidationsstufen/-zahl

Doch woran erkennst du jetzt eine Redoxreaktion und wie siehst du an der Formel, ob ein Stoff reduziert oder oxidiert wurde? Die Elektronen, von denen immer soviel geredet wird, sind ja in den Physikumsfragen nie angegeben.

Einen Ausweg aus diesem Dilemma und gleichzeitig die Antwort auf diese Frage geben die Oxidationsstufen/Oxidationszahlen. Dabei handelt es sich um die elektrische Ladung eines Atoms in einer Verbindung. Die Bindungselektronen und damit auch die negativen Ladungen werden dabei immer dem elektronegativeren (s. 2.3.1, S. 9) Bindungspartner zugeordnet. Zur Bestimmung der Oxidationsstufen/-zahlen merkst du dir am besten die folgenden Regeln, mit denen sich auch die Physikumsaufgaben problemlos lösen lassen sollten:

1. Elemente haben die Oxidationsstufe/-zahl **0**. Beispiele: **H_2, O_2, O_3 (Ozon)**.
   Grund: Alle Bindungspartner haben die gleiche Elektronegativität und ziehen daher auch gleich stark an den Bindungselektronen, die folglich keinem zugeordnet werden können.
2. Wasserstoff hat die Oxidationsstufe/-zahl **+1**, Sauerstoff die Oxidationsstufe/-zahl **–2**. Beispiel: **H_2O**.
   Grund: Sauerstoff steht in der sechsten Hauptgruppe, Wasserstoff in der ersten. Daher hat Sauerstoff eine wesentlich höhere Elektronegativität, zieht die Bindungselektronen der beiden Atombindungen stärker zu sich heran und bekommt sie formal auch beide (-2) zugeteilt. Jedem Wasserstoffatom fehlt dann formal ein Bindungselektron (+1).
   Prüfungsrelevante Ausnahme von Regel 2 ist das Wasserstoffperoxid H_2O_2. Hier hat Wasserstoff wie immer die Oxidationsstufe/-zahl **+1**, Sauerstoff dagegen die Oxidationsstufe/-zahl **–1**.

3. Die Elemente der ersten Hauptgruppe (z. B. Na, K) haben alle die Oxidationsstufe/-zahl +1, die der zweiten Hauptgruppe (z. B. Mg, Ca) +2, die der siebten Hauptgruppe (z. B. F, Cl, Br, I) –1. Das kannst du dir wahrscheinlich am besten mit der Oktettregel (s. 2.7, S. 14)/Ladung der zugehörigen Ionen merken, die mit den Oxidationszahlen übereinstimmt.
4. Bei einfachen Ionen entspricht die Oxidationsstufe/-zahl der Ionenladungszahl.
   Beispiele: Na^+ hat die Oxidationsstufe/-zahl +1, Cl^- hat die Oxidationsstufe/-zahl –1, Fe^{2+} hat die Oxidationsstufe/-zahl +2, Fe^{3+} hat die Oxidationsstufe/-zahl +3 etc.
5. Bei zusammengesetzten Ionen entspricht die Summe der Oxidationsstufe/-zahlen der Ionenladungszahl.
   Beispiele: Im $(SO_4)^{2-}$ hat Sauerstoff die Oxidationsstufe/-zahl –2 (s. Regel 2). Um auf die Gesamtladung von –2 zu kommen, erhält Schwefel hier die Oxidationsstufe/-zahl +6, im $(PO_4)^{3-}$ hat Sauerstoff wieder die Oxidationsstufe/-zahl –2 (s. Regel 2) und für Phosphor errechnet man sich die Oxidationsstufe/-zahl +5.
6. Innerhalb einer ungeladenen Verbindung ergibt die Summe der Oxidationsstufen/-zahlen 0.
   Beispiele aus dem schriftlichen Examen:
   Im $NaHCO_3$ hat Sauerstoff die Oxidationsstufe/-zahl –2 und Wasserstoff +1 (s. Regel 2). Na hat die Oxidationsstufe/-zahl +1 (s. Regel 3) und C erhält damit die Oxidationsstufe/-zahl +4.
   Ebenfalls die Oxidationsstufe/-zahl +4 erhält C im Kohlendioxid, wobei du zur Lösung dieser Aufgabe auch wissen musstest, dass Kohlendioxid die Formel CO_2 hat.
   Im $Fe(OH)_3$ hat Sauerstoff die Oxidationsstufe/-zahl –2 und Wasserstoff +1 (s. Regel 2). Für Eisen ergibt sich daher in dieser Verbindung die Oxidationsstufe/-zahl +3.

Beispiele
Um diese Regeln auf ihre Praxistauglichkeit zu testen, kommen hier noch ein paar Beispiele aus den Examen:

Frage: In welchem dieser Moleküle hat das N-Atom die höchste Oxidationszahl?

Lösungsmöglichkeiten:
Ammoniumchlorid, Kaliumcyanid, Lachgas, Stickstoff, Stickstoffmonoxid.

Zur Beantwortung dieser Frage, musste man die Summenformeln NH_4Cl für Ammoniumchlorid, KCN für Kaliumcyanid, N_2O für Lachgas, N_2 für Stickstoff und NO für Stickstoffmonoxid wissen oder sich herleiten können.

Tipp: Da du bei dieser Aufgabe das N-Atom mit der höchsten Oxidationszahl finden sollst, empfiehlt es sich, in den Formeln als erstes nach Bindungspartnern des N zu suchen, die selbst eine möglichst negative Oxidationszahl haben.

Siehst du dir die Summenformeln unter diesem Gesichtspunkt an, so fällt dir hoffentlich gleich der Sauerstoff mit der Oxidationszahl –2 (s. Regel 2) ins Auge, der im Lachgas und Stickstoffmonoxid enthalten ist. Der Vergleich dieser beiden Verbindungen liefert dann auch schon die richtige Lösung:
Das NO-Molekül, in dem Stickstoff die Oxidationszahl +2 hat (s. Regel 6).

Und weiter geht's mit dem nächsten Beispiel:
Aus der Reaktionsgleichung der Knallgasreaktion $2\ H_2 + O_2 \rightarrow 2\ H_2O$ lässt sich z. B. mit Hilfe der Oxidationszahlen (s. Regel 1, 2 und evtl. noch 6) ableiten, dass
– Sauerstoff reduziert wird, da seine Oxidationszahl von 0 auf –2 abnimmt,

- insgesamt 4 Elektronen für die Reduktion von 1 Molekül O_2 benötigt werden,
- Sauerstoff aus dem gleichen Grund das Oxidationsmittel (s. Merke S. 51) ist,
- Sauerstoff verbraucht wird, da er zu Wasser reagiert und
- bei der Reaktion Elektronen vom Wasserstoff auf den Sauerstoff übergehen, da die Oxidationszahl des Wasserstoffs von 0 auf +1 ansteigt und die von Sauerstoff ja von 0 auf –2 abnimmt.

Fazit: Die Reaktion $2\ H_2 + O_2 \rightarrow 2\ H_2O$ ist eine Redoxreaktion.

Und noch eines:
Wird Schwefelwasserstoff zu Schwefelsäure oxidiert, verändert sich die Oxidationsstufe/-zahl des S-Atoms von –2 zu +6. Zur Lösung dieser Aufgabe musstest du die Formeln H_2S von Schwefelwasserstoff und H_2SO_4 von Schwefelsäure kennen sowie die Oxidationsstufen/-zahlen innerhalb ungeladener Verbindungen bestimmen können (s. Regel 6):

- Im H_2S erhält S die Oxidationszahl –2, da jedes H +1 hat.
- In der H_2SO_4 erhält S die Oxidationszahl +6, da jedes H +1 und jedes O –2 hat. ($2 \cdot 1 = 2$, $4 \cdot (-2) = -8$, was insgesamt –6 ergibt)

Weitere Beispiele für Redoxreaktionen sind die Bildung von Salzsäure aus Wasserstoff und Chlor (s. Regeln 1–3 und 6) sowie die Verbrennung von Schwefel zu Schwefeldioxid (s. Regeln 1, 2 und 6):
$H_2 + Cl_2 \rightarrow 2\ HCl$.
Hier wird Wasserstoff zu H^+ oxidiert (seine Oxidationszahl steigt von 0 auf +1 an) und Chlor zu Cl- reduziert (seine Oxidationszahl sinkt von 0 auf –1 ab).
$S + O_2 \rightarrow SO_2$
Bei dieser Reaktion wird Sauerstoff reduziert (seine Oxidationszahl sinkt von 0 auf -2) ab und Schwefel oxidiert (seine Oxidationszahl erhöht sich von 0 auf +4). Damit fungiert Schwefel hier als Reduktionsmittel. Zur Lösung dieser Aufgabe musstest du außerdem die Formel von Schwefeldioxid (SO_2) kennen und wissen, dass mit der „Verbrennung von Schwefel" die Reaktion von Schwefel mit Sauerstoff gemeint ist.

Nun noch zu einem anderen Typ von Examensfragen: Dem Bilanzieren von Reaktionsgleichungen. Aus der Gleichung
$a\ Fe + b\ H_2O + c\ O_2 \rightarrow 4\ Fe(OH)_3$
lässt sich ableiten, dass

- Fe zu Fe^{3+} oxidiert wird (s. Regel 1, 2 und 6) und
- O_2 das Oxidationsmittel ist, da seine Oxidationszahl von 0 auf -2 abnimmt.

Um diese Aufgabe zu lösen, musstest du allerdings noch ein bisschen mehr rechnen. Denn es wurde auch danach gefragt, welche Zahlenwerte a, b und c haben müssen, damit die Reaktionsgleichung korrekt ist. Dazu schaust du dir am besten die Angaben in der Aufgabe noch einmal an und entdeckst, dass als Produkt 4 Fe $(OH)_3$ entstehen. Daraus kannst du dir ableiten, dass auch 4 Fe als Edukte da sein müssen, a also den Wert 4 hat. Da sich die Zahl 4 auch auf die übrigen Beteiligten des Produktes bezieht, errechnest du dir 12 O und 12 H (da ja die kleine 3 außerhalb der Klammer auch berücksichtigt werden muss).
Auf die 12 H der Eduktseite kommst du, indem du 6 H_2O einsetzt (da $6 \cdot 2 = 12$). Damit hat b den Wert 6. Von den 12 auf der Eduktseite benötigten O sind so nur noch 6 übrig und die bekommst du durch 3 O_2. Dies liefert uns die letzte noch gesuchte Zahl für c, nämlich 3.

Nur, weil's schon mal gefragt wurde:

- Die Reaktion von Cystin zu Cystein (s. Skript Biochemie 2) ist eine Reduktion (Elektronenaufnahme/Hydrierung/Wasserstoffanlagerung).
- Kohlenmonoxid (CO) ist für uns giftig, da es den Sauerstoff vom Hämoglobin verdrängt

und NICHT etwa, weil es eine so starke Oxidationswirkung hat.

3.6.2 Spannungsreihe

Das für die Physikumsfragen notwendige Wissen zu diesem Thema lässt sich erfreulicherweise in einem Satz abhandeln:

Merke!

Die Spannungsreihe ist eine Aufreihung von Redoxteilsystemen nach ihrem Normalpotenzial (Standardpotenzial, s. Tab. 4, S. 54) und erlaubt Vorhersagen darüber, welche Redoxreaktionen spontan (freiwillig) ablaufen und welche nicht.

Redoxteilsysteme			
Reduktionsmittel		**Oxidationsmittel**	**Normalpotenzial/Standardpotenzial E^0 [V]***
K	⇆	$K^+ + e^-$	–2,92
Ca	⇆	$Ca^{2+} + 2e^-$	–2,76
Na	⇆	$Na^+ + e^-$	–2,71
Mg	⇆	$Mg^{2+} + 2e^-$	–2,40
Zn	⇆	$Zn^{2+} + 2e^-$	–0,76
Fe	⇆	$Fe^{2+} + 2e^-$	–0,44
$NADH/H^+$	⇆	$NAD^+ + 2H^+ + 2e^-$	–0,32
$FADH_2$	⇆	$FAD^+ + 2H^+ + 2e^-$	–0,06
H_2	⇆	**$2H^+ + 2e^-$**	**0**
Cytochrom b reduziert	⇆	Cytochrom b oxidiert	+ 0,03
Cytochrom a reduziert	⇆	Cytochrom a oxidiert	+ 0,25
Cu	⇆	$Cu^{2+} + 2e^-$	+ 0,35
$2I^-$	⇆	$I_2 + 2e^-$	+ 0,58
H_2O_2	⇆	$O_2 + 2H^+ + 2e^-$	+ 0,68
Hydrochinon	⇆	Chinon + $2H^+ + 2e^-$	+ 0,70
Fe^{2+}	⇆	$Fe^{3+} + e^-$	+ 0,75
Ag	⇆	$Ag^+ + e^-$	+ 0,80
Hg	⇆	$Hg^{2+} + 2e^-$	+ 0,85
$2Br^-$	⇆	$Br_2 + 2e^-$	+ 1,07
$2Cl^-$	⇆	$Cl_2 + 2e^-$	+ 1,36
$2H_2O$	⇆	$H_2O_2 + 2H^+ + 2e^-$	+ 1,78
$2F^-$	⇆	$F_2 + 2e^-$	+ 2,85

Tab. 4: Ausschnitt aus der Spannungsreihe

*Das Normalpotenzial/Standardpotenzial ist das unter Normalbedingungen (**Ionenkonzentration 1mol/l**, Temp. 25 °C, Druck 1 atm) herrschende Potenzial.

Die hier aufgelisteten Redoxpotenziale geben an, wie stark ein Stoff unter Normalbedingungen oxidierend (als Oxidationsmittel = höheres Potenzial) oder reduzierend (als Reduktionsmittel = niedrigeres Potenzial) auf andere Substanzen wirkt. Daher können mit ihrer Hilfe Vorhersagen darüber gemacht werden, welche Redoxreaktionen freiwillig ablaufen.

Beispiel
In welche Richtung laufen folgende Reaktionen freiwillig ab?
$2\,Ag^+ + Fe \leftrightarrows 2\,Ag + Fe^{2+}$
mit E^0 von Ag 0,8 Volt und E^0 von Fe –0,44 Volt (s. Tab. 4, S. 54).
Diese Reaktion läuft von links nach rechts freiwillig ab, da Silber (Ag) ein höheres/positiveres Normalpotenzial hat als Eisen (Fe) und daher in der Lage ist, Eisen zu oxidieren.

$Ca^{2+} + Zn \leftrightarrows Ca + Zn^{2+}$
mit E^0 von Ca –2,76 Volt und E^0 von Zn –0,76 Volt (s. Tab. 4, S. 54).
Diese Reaktion läuft von rechts nach links freiwillig ab, da Zink (Zn) ein höheres/positiveres Normalpotenzial hat als Calcium (Ca) und daher in der Lage ist, Calcium zu oxidieren.

Die Stärke der Reduktionsmittel nimmt in der Spannungsreihe von oben nach unten ab (K ist das stärkste Reduktionsmittel, F das schwächste). Die Stärke der Oxidationsmittel nimmt in der Spannungsreihe von oben nach unten zu (K ist das schwächste Oxidationsmittel, F das stärkste). Als Bezugspunkt für alle diese Potenziale dient die Normalwasserstoffelektrode ($H_2 \leftrightarrows 2H^+ + 2e^-$ oder unter Berücksichtigung des Wassers: $H_2 + 2H_2O \leftrightarrows 2H_3O^+ + 2e^-$), deren Potenzial auf Null festgelegt wurde.
Auch hier gelten die Normalbedingungen mit einer H^+-Ionenkonzentration von 1 mol/l.

Die H_2-Konzentration kann völlig andere Werte annehmen. Im Schriftlichen stand schon des Öfteren in den Falschantworten H_2 anstelle von H^+; daher bitte die Antwortmöglichkeiten immer ganz genau durchlesen.
Legt man eine geeignete Spannung an eine Salzsäurelösung (HCl), so entsteht an der Kathode (negativ geladen) Wasserstoff (H_2). Grund: Die H^+-Ionen, die bei der Dissoziation der HCl entstehen, wandern zur negativ geladenen Kathode, wo sie sich mit den Elektronen zu Wasserstoff vereinigen.

3.6.3 Nernst-Gleichung

Die Redoxpotenziale aus der Spannungsreihe wurden unter Normalbedingungen (s. Legende zu s. Tab. 4, S. 54) gemessen. Weichen eine oder mehrere Bedingungen davon ab, so ergibt sich für einen Stoff/ein Redoxteilsystem ein neues, von E^0 verschiedenes Redoxpotenzial E.
Dieses aktuelle Potenzial lässt sich mit der Nernst- Gleichung berechnen:

$$E = E^0 + \frac{R \cdot T}{n \cdot F} \ln \frac{[Ox]}{[Red]}$$

E^0 = Normalpotenzial,
E = spezifisches Potenzial eines Stoffes,
R = allgemeine Gaskonstante,
T = absolute Temperatur in K,
n = Anzahl der übertragenen Elektronen,
F = Faraday-Konstante,
[Ox] = Konzentration des Oxidationsmittels und
[Red] = Konzentration des Reduktionsmittels.

Wie aus der Gleichung hervorgeht, ist das Redoxpotenzial E
- eine Funktion der **Temperatur T** und
- abhängig von der Konzentration des Oxidations- und Reduktionsmittels oder – anders ausgedrückt – von der **Konzentration der Komponenten des korrespondierenden Redoxpaares.**

Verdoppelt man die Konzentration des Oxidationsmittels, so steigt E um 0,1 an und nicht etwa um das Doppelte, wie es im Examen in Falschlösungen schon behauptet wurde. Grund: Der natürliche Logarithmus der Konzentrationen geht in den Betrag von E ein und nicht die Konzentrationen selbst.

Übrigens ...
Das Redoxpotenzial eines Gemisches aus **Chinon und Hydrochinon hängt vom pH-Wert der Lösung ab**, da dabei H^+-Ionen eine Rolle spielen. Vollständig lautet es nämlich:

Hydrochinon $\leftrightarrows$ Chinon + $2H^+$ + $2e^-$,

nur war das im Examen leider nicht angegeben. Dieses Gleichgewicht solltest du auch deshalb kennen, da es eine wichtige Funktion in der Atmungskette (s. Skript Biochemie 1) hat.

DAS BRINGT PUNKTE

Um mit **Redoxreaktionen** punkten zu können, solltest du vor allem die in diesem Abschnitt aufgeführten Definitionen beherrschen:

- Eine Reduktion ist eine Elektronenaufnahme/Hydrierung. Dabei nimmt die Oxidationszahl ab.
  Beispiele: Die Reduktion von Cystin zu Cystein und die von Sauerstoff in der Knallgasreaktion
  ($2\ H_2 + O_2 \rightarrow 2\ H_2O$).
  Wird ein Stoff oxidiert, so ist er ein Reduktionsmittel. Beispiel: Schwefelverbrennung zu Schwefeldioxid
  ($S + O_2 \rightarrow SO_2$).
- Die Spannungsreihe (s. Tab. 4, S. 54) ist eine Aufreihung von Redoxteilsystemen nach ihrem Normalpotenzial (Standardpotenzial) und erlaubt Vorhersagen darüber, welche Redoxreaktionen spontan/freiwillig ablaufen.
- Legt man eine geeignete Spannung an eine Salzsäurelösung (HCl), so entsteht an der negativ geladenen Kathode Wasserstoff (H_2).
- Aus der Nernst-Gleichung (s. 3.6.3, S. 55) geht hervor, dass das aktuelle Redoxpotenzial von den Konzentrationen der Komponenten des korrespondierenden Redox-Paares abhängt.
  Beispiel: Wird die Konzentration des Oxidationsmittels verdoppelt, so steigt das Redoxpotential um 0,1 an.

Wenn du dann noch in der Lage bist, in Verbindungen die **Oxidationsstufen** der teilhabenden Elemente zu bestimmen, hast du dir wieder ein paar Punkte mehr gesichert.
Beispiel: Die Oxidationsstufe des Kohlenstoffs im $NaHCO_3$ ist +4.

FÜRS MÜNDLICHE

Redoxreaktionen! Kein Problem? Na dann zeig' mal was du kannst und beantworte die folgenden Fragen.

1. **Wo spielen in unserem Organismus Redoxreaktionen eine wichtige Rolle? Nennen Sie mir bitte Beispiele.**
2. **Warum ist Cyanid (CN^-) für uns gefährlich?**
3. **Welchen Zusammenhang können Sie zwischen der Spannungsreihe und der Atmungskette herstellen?**
4. **Was hat die Nernst-Gleichung Ihrer Meinung nach mit der Zellmembran zu tun?**

1. Wo spielen in unserem Organismus Redoxreaktionen eine wichtige Rolle? Nennen Sie mir bitte Beispiele.

- In der Atmungskette der Mitochondrien (s. Skript Biochemie 1), Komplex: I–IV (Komplexe I–III sind Reduktasen, Komplex IV ist eine Oxidase).
- Im Eisenstoffwechsel: Eisen wird als Fe^{2+} resorbiert und entfaltet auch so seine Wirkung, z. B. beim Sauerstofftransport im Hämoglobin, als Fe^{3+} wird es gespeichert (an Ferritin) und transportiert (an Transferrin).
- Biotransformation in der Leber (s. Skript Biochemie 7) an einer mischfunktionellen Monooxigenase.

- Oxidationsschutz durch Glutathion, z. B. in den Erythrozyten.
- Bildung von Disulfidbrücken (Reaktion von Cystein zu Cystin) innerhalb größerer Proteine im Rahmen der Tertiär- und Quartärstruktur.

2. Warum ist Cyanid (CN^-) für uns gefährlich?
Cyanidionen binden an das Fe^{3+} der Cytochrom-c-Oxidase der Atmungskette. Dadurch blockieren sie die Bindungsstelle für O_2, was zum Stillstand der Atmungskette führt. Dies ist lebensgefährlich, da die Blockade der Atmungskette in den Neuronen des Atmungszentrums zum Erstickungstod (Asphyxie) führt.

3. Welchen Zusammenhang können Sie zwischen der Spannungsreihe und der Atmungskette herstellen?
Die Elektronen fließen in der Atmungskette entlang der Spannungsreihe (s. Skript Biochemie 1).
Das Ausgangssubstrat NADH + H^+ hat ein sehr negatives Redoxpotenzial, das Endprodukt H_2O ein positives. Während der Atmungskette wird das Redoxpotenzial nun immer ein bisschen positiver = das in der Kette weiter hinten stehende Molekül ist in der Lage, dem vorderen seine Elektronen zu entziehen.
In den Komplexen I–IV durchlaufen die H-Atome/Elektronen die Spannungsreihe. Die bei diesen Oxidationen freigesetzte Energie wird dazu genutzt, um Protonen vom Matrixraum der Mitochondrien in den Intermembranraum zu pumpen. Das führt letztendlich zur Herstellung der körpereigenen Energiewährung ATP.

4. Was hat die Nernst-Gleichung Ihrer Meinung nach mit der Zellmembran zu tun?
Sie dient zur Berechnung des Membranpotenzials einer Zelle.

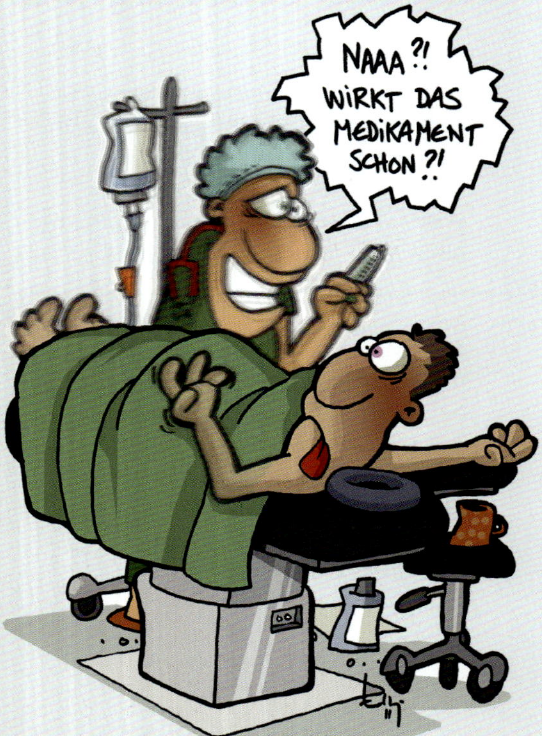

Mehr Cartoons unter www.medi-learn.de/cartoons

Pause

Wieder ein paar Seiten geschafft!
Jetzt eine kurze Pause und dann ran an das letzte Kapitel!

4 Thermodynamik/Energetik

Fragen in den letzten 10 Examen: 5

Dieses Kapitel betrachtet die chemischen Reaktionen unter dem Gesichtspunkt der Energie, der Erscheinungsformen und der Fähigkeit, Arbeit zu verrichten. Mit Hilfe der Energetik kann man z. B. vorhersagen, welche Reaktionen freiwillig ablaufen und welche nicht, wie sich die Triebkraft einer Reaktion in deren Verlauf ändert und wie es um die Gleichgewichtslage bestellt ist. Dabei handelt es sich um ein sehr dankbares Thema, denn bislang gab es noch kein Physikum ohne mindestens eine Frage zur Energetik, und mit einer Handvoll Definitionen lassen sich diese bereits problemlos beantworten.

4.1 ΔH und ΔG

Hinter diesen Kürzeln verbirgt sich beinahe die ganze Energetik. Grund genug, die zugehörigen Definitionen auswendig zu können:

ΔH ist die Reaktions**wärme** (Reaktionsenthalpie), die angibt, wie viel Wärme (engl.: heat) während einer Reaktion freigesetzt oder verbraucht wird. Sie kann sowohl positive als auch negative Werte annehmen:

- Ist ΔH eine negative Zahl, handelt es sich um eine **exotherme Reaktion**. Diese Reaktion setzt Wärme frei. Prominentestes und außerdem prüfungsrelevantes Beispiel ist die exotherme Knallgasreaktion:
  $2\ H_2 + O_2 \rightarrow 2\ H_2O$.
- Ist ΔH eine positive Zahl, handelt es sich um eine **endotherme Reaktion**. Diese Reaktion nimmt Wärme auf (verbraucht Wärme).

Als Energieform hat ΔH die **Einheit kJ/mol**.

ΔG ist die Gibbs' freie Energie (freie Reaktionsenthalpie), die angibt, wie viel **Arbeit** eine Reaktion maximal leisten kann. Auch ΔG kann positive und negative Werte annehmen:

- Ist ΔG eine negative Zahl, handelt es sich um eine **exergone Reaktion**. Diese Reaktion läuft freiwillig/spontan ab (s. Abb. 20 a, S. 61).
- Ist ΔG eine positive Zahl, handelt es sich um eine **endergone Reaktion**. Diese Reaktion läuft nicht freiwillig/spontan ab.
- Ist ΔG Null, so befindet sich die Reaktion im Gleichgewichtszustand (s. 3.1.1, S. 24). Von außen betrachtet steht die Reaktion hier still, da pro Zeiteinheit genauso viele Edukte zu Produkten reagieren, wie umgekehrt Produkte zu Edukten.

Als Energieform hat auch ΔG die **Einheit kJ/mol**.

Die **T**emperaturänderung einer Reaktion wird mit den Begriffen exo**t**herm und endotherm ausgedrückt, die Änderung der **G**ibbs' freien Energie einer Reaktion mit den Begriffen exer**g**on und ender**g**on. Ob eine Reaktion freiwillig abläuft oder nicht, lässt sich NUR mit Kenntnis von ΔG vorhersagen!

Merke!

- Eine Reaktion ist exotherm, wenn ΔH negativ ist.
- Eine Reaktion ist endotherm, wenn ΔH positiv ist.
- Eine Reaktion ist exergon (exergonisch), wenn ΔG negativ ist.
- Eine Reaktion ist endergon, wenn ΔG positiv ist.

Je nach Umgebungsbedingungen wird ΔG bezeichnet als

- freie Reaktionsenthalpie ΔG,
- freie Standardreaktionsenthalpie ΔG^0 (bei den Standardbedingungen 1013 mbar Luftdruck, 298K = 25 °C Temperatur und einer **verdünn-**

ten Lösung) oder freie Standardreaktionsenthalpie in biochemischen Systemen $\Delta G^{0'}$ (bei den Standardbedingungen und einem pH-Wert von ca. 7).

$\Delta G = 0$ beschreibt das **chemische Gleichgewicht** und gilt nur in geschlossenen isobaren (konstanter Druck) und isothermen (konstante Temperatur) Systemen, NICHT jedoch für Fließgleichgewichte (offene Systeme, s. 4.4, S. 63), wie z. B. die Reaktionen in unseren Zellen.

ΔG sowie seine „Spezialformen" ΔG^0 und $\Delta G^{0'}$ erlauben KEINE Aussagen zur Reaktionsgeschwindigkeit, auch wenn das in den Examensfragen behauptet wird.

4

4.1.1 ΔG als Triebkraft einer Reaktion

Fragt man sich, wie stark das Bestreben einer exergonen Reaktion ist, freiwillig abzulaufen, so gilt, dass ihre Triebkraft ΔG in geschlossenen, isobaren und isothermen Systemen im Verlauf der Reaktion abnimmt. Dies liegt daran, dass am Anfang einer Reaktion noch kein Teilchen mit einem anderen reagiert hat (nur Edukte vorliegen), aber alle es unbedingt wollen. Zu diesem Zeitpunkt haben die Reaktionspartner also die höchste/stärkste Triebkraft, um miteinander zu Produkten zu reagieren.

4.1.2 Gleichungen mit ΔG

Die physikumsrelevanten Gleichungen mit ΔG sind die Gibbs-Helmholtz-Gleichung:

$\mathbf{\Delta G = \Delta H - T \cdot \Delta S}$

und der Zusammenhang von ΔG^0 (ΔG unter Standard-/Normalbedingungen, s. Tab. 4, S. 54) mit der Gleichgewichtskonstanten K (s. 3.1.2, S. 25):

$\mathbf{\Delta G^0 = -R \cdot T \cdot \ln K}$.

Die Gleichung $\Delta G = \Delta H - T \cdot \Delta S$ solltest du kennen und wissen, dass ΔS die Entropie (Reaktionsentropie) und ein Maß für die Unordnung ist, den Rest kannst du dir ableiten: So z. B. dass

- ΔG (gilt auch für ΔG^0 und $\Delta G^{0'}$, s. 4.1, S. 59) die Reaktionsenthalpie (ΔH) und die Reaktionsentropie (ΔS) beinhaltet.
- eine Aussage darüber, ob eine Reaktion exergon ist (ΔG negativ = freiwillig abläuft), bei Kenntnis von ΔH allein NICHT getroffen werden kann.
- ΔG negativ wird, bei negativem ΔH und einer Zunahme der Entropie ΔS.
- ΔG auch bei einer endothermen Reaktion (= positivem ΔH) und einer Zunahme der Entropie negativ werden kann.

Auch der Zusammenhang $\Delta G^0 = -R \cdot T \cdot \ln K$ sollte beherrscht werden, da er bislang nur selten in den Aufgaben angegeben war und sich auch hier die meisten Antworten direkt aus der Gleichung ableiten ließen: So z. B. dass

- die Gleichgewichtslage einer Reaktion (verbirgt sich in K, s. 3.1.2, S. 25) aus ΔG^0 oder $\Delta G^{0'}$ berechnet werden kann.
- die Gleichgewichtslage einer Reaktion von der Temperatur abhängt (wie ja beinahe alles in der Chemie).
- ΔG^0 aus der Konzentration der Reaktionspartner im Gleichgewicht (verbergen sich in K) berechnet werden kann.
- bei $\Delta G^0 = 0$ ein Verhältnis von Edukt- zu Produktkonzentrationen von 1 : 1 vorliegen muss. Grund: Nur der Logarithmus von 1 ist Null. (Die andere Möglichkeit $\Delta G^0 = 0$ werden zu lassen wäre, die Reaktion bei 0 Kelvin ablaufen zu lassen. Dies ist bislang noch nicht machbar und wird wohl auch nie machbar sein).
- sich ΔG^0 aus dem Wert der Gleichgewichtskonstanten K bei Standardtemperatur berechnen lässt und folglich auch mit beiden in Beziehung steht.
- bei einer Gleichgewichtskonstanten $K > 1$ die Reaktion unter Standardbedingungen **exergon** (= ΔG^0 negativ) ist. Grund: $K > 1$ bedeutet, dass im Gleichgewicht mehr Produkte als Edukte vorliegen (s. 3.1.2, S. 25). Der Logarithmus nimmt daher einen positiven, ΔG einen negativen Wert an und die Reaktion läuft freiwillig ab.

Eine Temperaturerhöhung kann – je nach Reaktionstyp – eine Verschiebung der Gleichgewichtslage zugunsten der Produkte ODER der Edukte bewirken, führt also keinesfalls immer zur vermehrten Bildung von Produkten.

4.2 Energieprofile

Diese Kurven geben an, wie sich die Energie G (gilt auch für G^0 und $G^{0'}$, s. 4.1, S. 59) im Verlauf einer Reaktion (Reaktionskoordinate) ändert.
Beispiele siehe Abb. 20 a–c.
Die Geschwindigkeit der Reaktionen a–c hängt hauptsächlich davon ab, wie viel Aktivierungsenergie ΔG^A aufgewendet werden muss, damit die Reaktionen überhaupt in Gang kommen. Daher lässt sich auch die Geschwindigkeitskonstante k mit Hilfe der freien Aktivierungsenthalpie (Aktivierungsenergie) berechnen (je kleiner ΔG^A, desto größer k und damit die Geschwindigkeit der Reaktion). Wie man das macht, wurde glücklicherweise noch nie gefragt, denn das ist ziemlich kompliziert.
Wenn die Reaktionen dann laufen, stellt sich irgendwann ein Gleichgewicht ein, bei dem pro Zeiteinheit genauso viele Edukte zu Produkten reagieren wie umgekehrt. Die Gleichgewichtslage – also ob im Gleichgewicht mehr Produkte oder mehr Edukte vorliegen – wird dabei durch die Differenz vom Energieniveau der Edukte zu den Produkten bestimmt. Diese Differenz entspricht dem ΔG-Wert einer Reaktion. Sollte im Examen also mal wieder gefragt werden, ob man ΔG^0 aus den freien Standardbildungsenthalpien der Edukte und Produkte berechnen kann, so lautet die Antwort JA.

- Ist diese Differenz negativ (ΔG negativ), liegt das Gleichgewicht auf der Seite der Produkte (es liegen mehr Produkte vor). Negativ bedeutet hier, dass aus einem positiven Energieniveau ein weniger positives wird. Dies ist in Abb. 20 a der Fall, da die Edukte eine höhere Gibbs' freie Energie haben als die Produkte.
- Ist diese Differenz positiv (ΔG positiv), liegt das Gleichgewicht auf der Seite der Edukte (es liegen mehr Edukte vor). Dies ist in Abb. 20 c der Fall, da hier die Produkte eine höhere Gibbs' freie Energie haben als die Edukte.

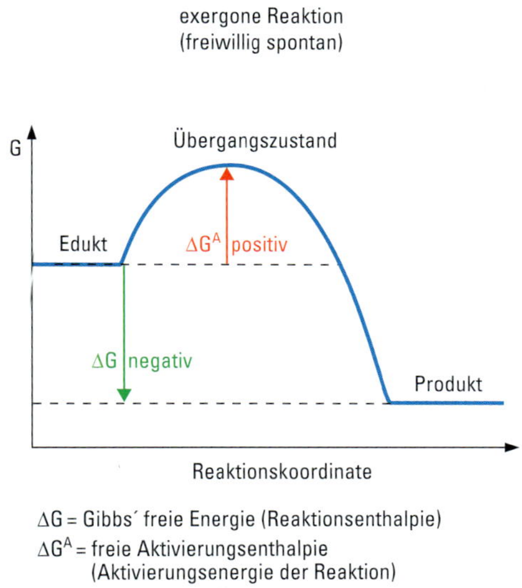

Abb. 20 a: Energieprofil, exergone Reaktion *medi-learn.de/7-ch1-20a*

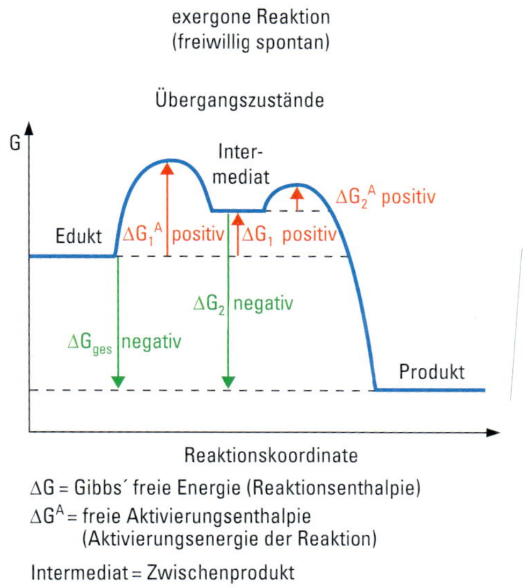

Abb. 20 b: Energieprofil, exergone Reaktion mit Zwischenprodukt *medi-learn.de/7-ch1-20b*

In Abb. 20 b, S. 61 kann man noch eine feinere Einteilung vornehmen. Hier liegt das Gleichgewicht der Gesamtreaktion auf der Seite der Produkte, da die Differenz vom Energieniveau der Edukte zu den Produkten negativ ist (ΔG_{ges} negativ). Das Gleichgewicht des ersten Teilschritts (Edukt zu Intermediat) liegt auf der Seite der Edukte, da sein ΔG positiv ist, das Gleichgewicht des zweiten Teilschritts (Intermediat zu Produkt) liegt auf der Seite der Produkte, da dessen ΔG negativ ist.

Merke!

- Die freie Reaktionsenthalpie ΔG errechnet sich aus der Differenz zwischen dem G (Energieniveau) der Edukte und dem G der Produkte.
- Liegt das Energieniveau der Produkte **unter** dem der Edukte, so ist **ΔG negativ**, die Reaktion exergon/freiwillig und das Gleichgewicht liegt auf der Seite der Produkte.
- Liegt das Energieniveau der Edukte **unter** dem der Produkte, so ist **ΔG positiv**, die Reaktion endergon/nicht freiwillig und das Gleichgewicht liegt auf der Seite der Edukte.

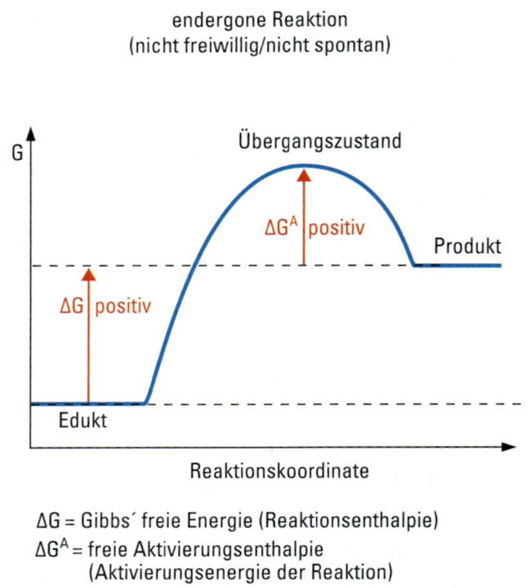

Abb. 20 c: Energieprofil, endergone Reaktion

medi-learn.de/7-ch1-20c

Übrigens ...

- Aus dem Wert von ΔG, ΔG^0 oder $\Delta G^{0'}$ lässt sich NICHT die Geschwindigkeit ablesen (vgl. ΔG^A, s. 4.1, S. 59). Hier ist besondere Vorsicht geboten, da das schon oft gefragt wurde und man instinktiv dazu neigt zu glauben, eine Reaktion liefe umso schneller ab, je negativer ΔG ist.
- Achte bitte immer genau darauf, dass das, was in der Aufgabe angegeben ist, mit dem übereinstimmt, was das Energieprofil zeigt. Es kam schon vor, dass in der Aufgabe nur ΔH angegeben war, das Energieprofil jedoch ΔG zeigte. Durch so ein Energieprofil wird die Reaktion dann aber NICHT dargestellt.

Beispiel:

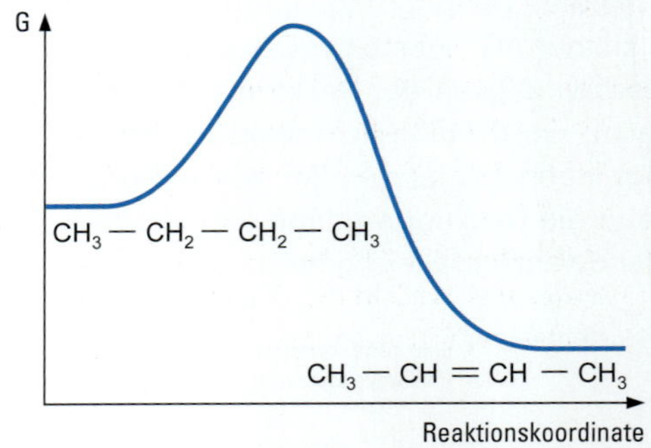

Abb. 21: Dehydrierung von Butan zu Buten

medi-learn.de/7-ch1-21

$H_3C{-}CH{=}CH{-}CH_3 + H_2 \leftrightarrow H_3C{-}CH_2{-}CH_2{-}CH_3$; $\Delta H = -116$ kJ/mol

Außerdem wurden in dem Beispiel noch die Edukte mit den Produkten vertauscht.

4.3 Gekoppelte Reaktionen

Bei gekoppelten Reaktionen (s. Abb. 20 b, S. 61) handelt es sich um Reaktionsketten aus mindestens zwei Gliedern. Innerhalb solch einer Reaktionskette können endergone Teilreaktionen ablaufen, die mit weiteren endergonen und/oder mit exergonen Teilreaktionen ge-

koppelt sind. Die Gibbs' freie Energie (ΔG, ΔG^0 oder $\Delta G^{0'}$) der Gesamtreaktion ist hierbei die Summe der Gibbs' freien Energien der Teilreaktionen. Ist diese Summe negativ, so ist der Gesamtprozess exergon und läuft damit freiwillig ab, auch wenn er ein oder mehrere endergone Teilprozesse beinhaltet.
Die Geschwindigkeit gekoppelter Reaktionen richtet sich nach dem geschwindigkeitsbestimmenden Teilschritt. Dies ist die langsamste Reaktion innerhalb der Reaktionskette. Im Energieprofil ist sie an der höchsten Aktivierungsenergie zu erkennen (s. Abb. 20 b, S. 61, Reaktion von Edukt zu Intermediat).
Wird nach der Gleichgewichtskonstanten des Gesamtprozesses gefragt, so solltest du wissen, wie man sie berechnet: Sie ist das Produkt der Gleichgewichtskonstanten der Einzelschritte einer gekoppelten Reaktion (s. 3.1.2, S. 25).

Merke!

Bei einer gekoppelten Reaktion ist die
- **Gibbs' freie Energie** des Gesamtprozesses die **Summe** der Gibbs' freien Energien der Einzelschritte.
- **Gleichgewichtskonstante** des Gesamtprozesses das **Produkt** der Gleichgewichtskonstanten der Einzelschritte.

Im Reich der Biochemie laufen gekoppelte Reaktionen auch gerne an Enzymen ab. Dort werden endergone Teilreaktionen z. B. durch die Hydrolyse von ATP (exergone Teilreaktion) ermöglicht/katalysiert.
Endergone Reaktionen (ΔG positiv) können durch das Entfernen eines oder mehrerer ihrer Produkte mithilfe einer zusätzlichen Reaktion (gekoppelte Reaktion) dazu gebracht werden, alle Substrate vollständig zu Produkten umzuwandeln. Dies gilt auch für enzymkatalysierte Reaktionen (s. 5.4, S. 71). Bei diesem Szenario wird die Einstellung eines Gleichgewichts allerdings verhindert (durch das Entfernen der Produkte). Es handelt sich daher um ein offenes System (s. 4.4, S. 63).

4.4 Fließgleichgewicht

Spricht man in der Chemie von einer Reaktion im Gleichgewicht, so meint man normalerweise das chemische Gleichgewicht, das sich nur in geschlossenen Systemen einstellt (s. 3.1.1, S. 24). In der Biochemie ist das anders. Befinden sich hier Reaktionen im Gleichgewicht, so handelt es sich um ein Fließgleichgewicht, das sich **nur in offenen Systemen**, wie z. B. in unserem Organismus, einstellen kann. Offenes System bedeutet, dass die Reaktionen im **Stoff- und Energieaustausch mit ihrer Umgebung** ablaufen. In einem Fließgleichgewicht strömen daher ständig Edukte ein und Produkte werden abgegeben.

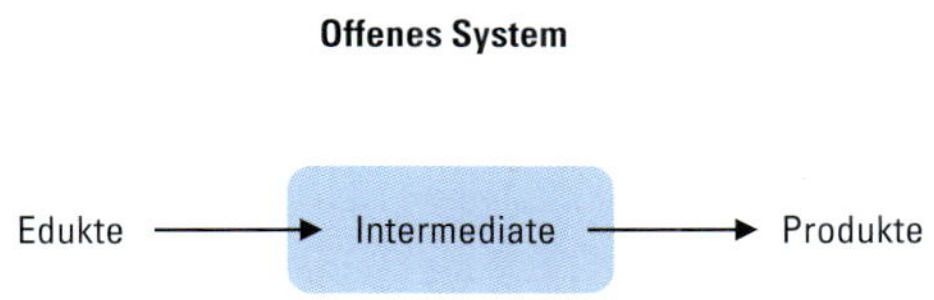

Abb. 22: Fließgleichgewicht *medi-learn.de/7-ch1-22*

Doch widerspricht sich das nicht? Wie kann etwas zu- und abfließen und dennoch im Gleichgewicht sein? Die Lösung offenbart sich, wenn man den Faktor Zeit mit einbezieht: Ein System befindet sich nämlich erst dann im Fließgleichgewicht, wenn pro Zeiteinheit genau so viele Edukte zugeführt wie verbraucht, und genau so viele Produkte abtransportiert wie gebildet werden. Damit bleibt die Gesamtreaktionsgeschwindigkeit konstant und das Fließgleichgewicht ist ein **dynamisches Gleichgewicht**. Dies bedeutet zweierlei:
- Erstens, dass die Reaktionen von Edukten zu Intermediaten und von den Intermediaten weiter zu den Produkten gleich schnell ablaufen, also in einem Fließgleichgewicht die **Geschwindigkeiten der Teilreaktionen gleich groß sind**, und
- zweitens, dass die **Konzentrationen/Mengen der Edukte, Intermediate und Produkte** in einem Fließgleichgewicht **konstant** bleiben.

Diese beiden Fakten solltest du fürs Schriftliche unbedingt parat haben.
Eine weitere gern gefragte Eigenschaft von Fließgleichgewichten ist ihre Fähigkeit Arbeit zu leisten. Diese Fähigkeit macht sich z. B. unser Körper zunutze. Denn die zahlreichen Stoffwechselwege in unseren Zellen sind ja nichts anderes als Fließgleichgewichte: Man steckt oben was rein, das wird durch verschiedene Reaktionen bearbeitet und kommt unten wieder raus. Damit diese Bearbeitung (das Leisten von Arbeit) überhaupt stattfinden kann, muss Energie (z. B. in Form von ATP) aufgewendet werden. Auch das wurde in den vergangenen Jahren gerne mal gefragt. Also merk dir bitte, dass sich Fließgleichgewichte nur unter Zufuhr von **Energie** ausbilden können.

Lass dich bitte nicht irreführen:

- $\Delta G = 0$ gilt nur für Reaktionen, die sich im chemischen Gleichgewicht befinden und daher auch nur für geschlossene Systeme und NICHT für Fließgleichgewichte, die ja nur in offenen Systemen vorkommen.
- Geht es um die Geschwindigkeiten der Teilreaktionen eines Fließgleichgewichts, lohnt es sich, die Fragen ganz genau durchzulesen. Denn in Fließgleichgewichten müssen zwar die Geschwindigkeiten der Teilreaktionen gleich groß sein, NICHT aber deren Geschwindigkeitskonstanten k!

Tab. 5, S. 64 zeigt noch mal alles auf einen Blick.

chemisches Gleichgewicht (s. 3.1.1, S. 24)	**Fließgleichgewicht**
dynamisches Gleichgewicht	dynamisches Gleichgewicht
nur in geschlossenen Systemen	nur in offenen Systemen
Konzentrationen von Edukten und Produkten sind konstant	Konzentrationen von Edukten, Intermediaten und Produkten sind konstant
Geschwindigkeit der Hin- und Rückreaktion ist gleich groß	Geschwindigkeiten der Teilreaktionen sind gleich groß
Gesamtreaktionsgeschwindigkeit = 0, da Hin- und Rückreaktion gleich schnell ablaufen	Gesamtreaktionsgeschwindigkeit ist konstant
Triebkraft der Reaktion $\Delta G = 0$	kann nur unter Zufuhr von Energie existieren, daher wird ΔG NIE Null
kann keine Arbeit leisten	kann Arbeit leisten

Tab. 5: Gegenüberstellung prüfungsrelevanter Eigenschaften des chemischen und des Fließgleichgewichts

DAS BRINGT PUNKTE

Die **Energetik** ist ein häufig geprüftes, aber auch sehr dankbares Kapitel. Hast du nämlich die Energieprofile einmal verstanden, dürften die dazu gestellten Fragen kein Problem mehr darstellen. Um noch mehr Punkte einzuheimsen, solltest du außerdem wissen, dass

- weder ΔG noch ΔG^0 oder $\Delta G^{0'}$ Angaben zur Schnelligkeit einer Reaktion erlauben,
- eine Reaktion exergon ist, wenn ΔG negativ ist,
- bei $K > 1$ (Gleichgewicht auf der Seite der Produkte) die Reaktion exergon ist,
- die Triebkraft ΔG einer exergonen Reaktion im geschlossenen, isobaren und isothermen System im Verlauf der Reaktion abnimmt,
- sich die freie Reaktionsenthalpie (ΔG) aus der Differenz zwischen dem Energieniveau G der Edukte und dem der Produkte errechnet,
- die Gleichgewichtslage durch die Differenz vom Energieniveau der Edukte zu den Produkten bestimmt wird,
- die Gleichgewichtslage einer chemischen Reaktion zwar temperaturabhängig ist, Wärmezufuhr aber eine Verschiebung der Gleichgewichtslage sowohl zugunsten der Produkte als auch der Edukte bewirken kann, und
- $\Delta G = 0$ (chemisches Gleichgewicht) nur in geschlossenen isothermen und isobaren Systemen gilt, nicht aber in lebenden Zellen, die ja offene Systeme sind.

Zum Thema **gekoppelte Reaktionen** solltest du dir merken, dass

- sich durch Entfernen des Produkts mithilfe einer zusätzlichen Reaktion eine vollständige enzymatische Umwandlung von Substrat zu Produkt erreichen lässt, und zwar auch bei einer Reaktion, deren ΔG positiv ist,
- bei gekoppelten Reaktionen Gibbs' freie Energie des Gesamtprozesses als die Summe von Gibbs' freier Energie der Einzelschritte berechnet wird,
- bei gekoppelten Reaktionen der Teilschritt mit der höheren Aktivierungsenergie geschwindigkeitsbestimmend für die Gesamtreaktion ist und
- bei gekoppelten Reaktionen endergone Teilreaktionen sowohl mit endergonen als auch mit exergonen Teilreaktionen gekoppelt sein können.

Waren die **Fließgleichgewichte** Gegenstand der Fragen, so ließ sich mit folgenden Fakten die richtige Lösung kreuzen:

- Fließgleichgewichte stellen sich NUR in offenen Systemen ein und stehen daher im Energieaustausch mit ihrer Umgebung.
- Im Fließgleichgewicht bleiben die Mengen an Edukten, Intermediaten und Produkten konstant.
- In Fließgleichgewichten sind zwar die Geschwindigkeiten der Teilreaktionen gleich groß, NICHT aber deren Geschwindigkeitskonstanten k.
- Fließgleichgewichte können nur unter Zufuhr von Energie existieren, daher wird ΔG hier NIE Null.

FÜRS MÜNDLICHE

Zu den Themen „Energetik und Thermodynamik" wurden schon häufig folgende Fragen gestellt.

1. **Nennen Sie mir bitte Beispiele für gekoppelte Reaktionen, die in unserem Körper ablaufen.**
2. **Was verstehen Sie unter der Triebkraft einer Reaktion?**
3. **Woran erkennen Sie den geschwindigkeitsbestimmenden Teilschritt einer Reaktionskette?**
4. **Erläutern Sie den Begriff Fließgewicht.**

---

1. Nennen Sie mir bitte Beispiele für gekoppelte Reaktionen, die in unserem Körper ablaufen.

Als Beispiel soll hier der Stoffwechselweg der Glykolyse dienen:

- Reaktionen, die unter ATP-Verbrauch stattfinden, z. B. die Hexokinase- und Phosphofruktokinasereaktion.
- Reaktionen, durch die ATP gewonnen wird, z. B. Pyruvatkinasereaktion.
- Reaktionen, die $NADH/H^+$ liefern, z. B. die 3-Phosphoglycerinaldehyd-Dehydrogenase.
- Reaktionen, die $NADH/H^+$ verbrauchen, z. B. die Lactatdehydrogenase.

Neben der Glykolyse und den hier genannten Reaktionen gibt es natürlich noch zahlreiche andere im menschlichen Organismus; der ganze Stoffwechsel ist voll davon! Du kannst daher bei einer solchen Frage auch aus dem Vollen schöpfen.

2. Was verstehen Sie unter der Triebkraft einer Reaktion?

Die Triebkraft einer Reaktion gibt an, wie hoch das Bestreben der Edukte ist, zu den Produkten zu reagieren. Ihr Wert wird in Form der Gibbs' freien Energie (freie Reaktionsenthalpie) oder kurz ΔG in kJ/mol angegeben. Dabei gilt:

- Die Triebkraft ΔG hängt nach der Gibbs-Helmholtz-Gleichung von der Reaktionsenthalpie, der Temperatur und der Entropie ab:
  - $\Delta G = \Delta H - T \cdot \Delta S$
- Je negativer ΔG ist, umso höher ist die Triebkraft einer Reaktion.

Außerdem hängt ΔG noch mit der Gleichgewichtskonstanten K zusammen:
$\Delta G^0 = -R \cdot T \cdot \ln K$

Betrachtet man die Triebkraft einer exergonen Reaktion im geschlossenen, isobaren und isothermen System, so gilt, dass diese im Verlauf der Reaktion abnimmt, bis sie im Gleichgewicht den Wert 0 erreicht.

3. Woran erkennen Sie den geschwindigkeitsbestimmenden Teilschritt einer Reaktionskette?

Die geschwindigkeitsbestimmende Teilreaktion erkennt man an der höchsten Aktivierungsenergie. Diese Reaktion ist die langsamste innerhalb einer Reaktionskette und wird auch als Schrittmacherreaktion bezeichnet (der Flaschenhals eines Reaktionswegs).

4. Erläutern Sie den Begriff Fließgewicht.

Ein Fließgleichgewicht ist ein dynamisches Gleichgewicht, das sich nur in offenen Systemen (wie beispielsweise im Stoffwechsel) einstellt. Pro Zeiteinheit werden dabei genau so viele Edukte zugeführt wie verbraucht und genau so viele Produkte abtransportiert wie gebildet. Daher sind im Fließgleichgewicht die Gesamtreaktionsgeschwindigkeit sowie die Konzentrationen von Edukten, Intermediaten und Produkten konstant sowie die Geschwindigkeiten der Teilreaktionen gleich groß.

Mehr Cartoons unter www.medi-learn.de/cartoons

Pause

Kurze Grinsepause &
dann auf an das letzte Kapitel!

5 Kinetik

Fragen in den letzten 10 Examen: 1

Wie die Thermodynamik/Energetik, gehört auch die Kinetik in die Abteilung physikalische Chemie. Im Gegensatz zur Energetik beschäftigt sie sich jedoch mit dem zeitlichen Ablauf chemischer Reaktionen.

Wie schnell oder langsam eine Reaktion abläuft (wie hoch ihre Reaktionsgeschwindigkeit ist), hängt dabei von mehreren Faktoren ab, z. B. von

- der Konzentration der miteinander reagierenden Edukte (Substratkonzentration, Reaktionsordnung s. 5.1, S. 68),
- dem Betrag der Aktivierungsenergie ΔG^A (s. 4.2, S. 61) und
- der Temperatur (wie ja beinahe alles in der Chemie).

Beispiel

Für die Reaktion A + B $\leftrightarrows$ C + D lässt sich die Geschwindigkeit angeben als

- Abnahme der Eduktkonzentration mit der Zeit, was mathematisch so aussieht: Reaktionsgeschwindigkeit $v = -dc_A/dt$ oder $-dc_B/dt$.
- Zunahme der Produktkonzentration mit der Zeit oder mathematisch: Reaktionsgeschwindigkeit $v = dc_C/dt$ oder dc_D/dt.

Wobei c = Konzentration und t = Zeit ist.

Das negative Vorzeichen vor der Geschwindigkeit des Terms mit den Edukten bedeutet, dass deren Konzentration im Laufe der Reaktion abnimmt (s. Abb. 23 a, S. 69). Übersetzt bedeutet $-dc_A/dt$ also nur, dass die Konzentration (c) eines Ausgangsstoffes (A) mit der Zeit (engl.: time) kleiner wird (das Minuszeichen). Das positive Vorzeichen vor der Geschwindigkeit des Terms mit den Produkten, das für die Zunahme der Produktkonzentrationen steht, lässt man üblicherweise weg.

Merke!

Zu Beginn einer Reaktion ist deren Geschwindigkeit am höchsten; die Reaktionsgeschwindigkeit $-dc_A/dt$ (mit **A** = ein beliebiger **A**usgangsstoff/Edukt) nimmt also während der gesamten Reaktionszeit ab. Folglich nimmt auch die Geschwindigkeit der Produktbildung dc_P/dt (mit **P** = ein beliebiges **Pro**dukt) während der gesamten Reaktionszeit ab.

Um die Kinetik chemischer Reaktionen zu beschreiben, verwendet man auch gerne den Begriff der Reaktionsordnung.

5.1 Reaktionsordnung

Die Ordnung einer Reaktion gibt Auskunft darüber, wie viele Edukte (Ausgangsstoffe/miteinander reagierende Teilchen) an der Reaktion beteiligt sind und ob oder wie die Reaktionsgeschwindigkeit von der Konzentration der Edukte abhängt.

5.1.1 Reaktionen 1. Ordnung

A $\leftrightarrows$ B + C, wobei die Anzahl der Produkte variieren kann. Diese Art von Reaktionen hat die Eigenschaft, dass ihre Geschwindigkeit nur von der Konzentration EINES Edukts abhängt. Die Anzahl der Produkte ist dagegen für die Reaktionsgeschwindigkeit irrelevant. Mathematisch lässt sich die Geschwindigkeit einer Reaktion 1. Ordnung daher wie folgt darstellen:

$$v = k \cdot [A]$$

mit v = Geschwindigkeit,
k = Geschwindigkeitskonstante (s. 5.2, S. 70)
A = Ausgangsstoff/Edukt

Übersetzt bedeutet dieser Term: Die Geschwindigkeit einer Reaktion 1. Ordnung ist das Produkt aus der Geschwindigkeitskonstanten und der Eduktkonzentration.

Nur weil es schon mal gefragt wurde: Bei einer Reaktion 1. Ordnung gibt das Produkt aus Geschwindigkeitskonstante und Eduktkonzentration nicht nur die Geschwindigkeit der Reaktion an, sondern natürlich auch die Geschwindigkeit der Produktbildung. Davon also bitte nicht verwirren lassen.

Das bekannteste Beispiel für eine Reaktion 1. Ordnung ist der radioaktive Zerfall eines Stoffes: Ein radioaktives Element wie z. B. ^{14}C reagiert (zerfällt) einfach so, ohne dass ein Reaktionspartner oder ein Enzym daran mitwirken. Graphisch dargestellt sieht das folgendermaßen aus:

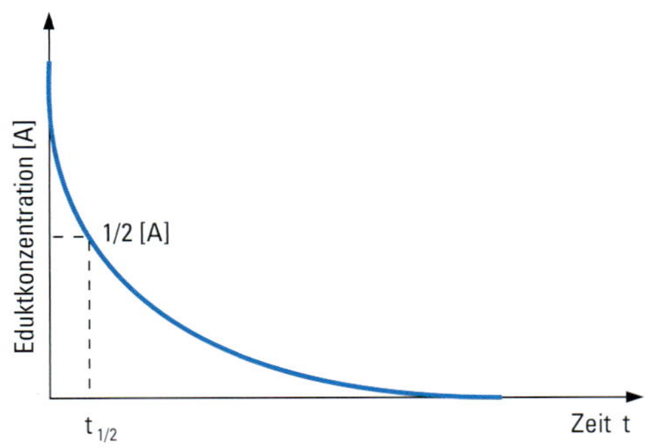

Abb. 23 a: Reaktion, Halbwertszeit

medi-learn.de/7-ch1-23a

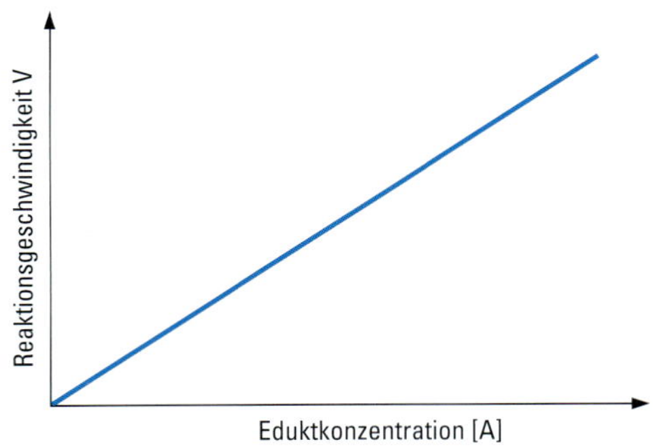

Abb. 23 b: Reaktion 1. Ordnung

medi-learn.de/7-ch1-23b

Wie du an Abb. 23 a, S. 69 erkennen kannst, ergibt der zeitliche Verlauf einer Reaktion 1. Ordnung eine von oben nach unten führende exponentielle Kurve. Daraus lässt sich ableiten, dass bei einer Reaktion 1. Ordnung

- die **Reaktionsgeschwindigkeit** während der gesamten Reaktionszeit **abnimmt** (wie die Eduktkonzentration). Grund: Je weniger Edukte da sind, die miteinander reagieren können, desto langsamer verläuft die Reaktion.
- die **Halbwertszeit** $t_{1/2}$ konstant ist; die Konstante lautet übrigens **ln2/k** oder umformuliert **ln2 · k^{-1}**.

Trägt man die Geschwindigkeit v gegen die Eduktkonzentration auf, erhält man eine von unten nach oben führende Gerade (s. Abb. 23 b, S. 69). Daraus lässt sich ableiten, dass

- die Reaktionsgeschwindigkeit proportional zur Substratkonzentration ist (Gerade). Das bedeutet: Ändert sich die Substratkonzentration, verändert sich **in gleichem Maße** auch die Reaktionsgeschwindigkeit. Bei einer Verdoppelung der Konzentration des Edukts A verdoppelt sich also auch die Reaktionsgeschwindigkeit.

Der Begriff Halbwertszeit gibt die Zeit an, nach der die Hälfte der Edukte zu Produkten reagiert hat. Ist bei einer Reaktion die Halbwertszeit konstant, wird daher während der gesamten Reaktionsdauer pro Zeiteinheit die gleiche relative Menge an Edukten umgesetzt.

Frage: Das radioaktive Iod-Isotop ^{131}I zerfällt mit einer Halbwertszeit von etwa 8 Tagen. Wie lange dauert es, bis seine Aktivität auf 10 % der Ursprungsaktivität abgefallen ist?

Lösungsmöglichkeiten: 3 Tage, 8 Tage, 22 Tage, 27 Tage, 80 Tage.

Eine Halbwertszeit von etwa 8 Tagen bedeutet, dass nach Ablauf von 8 Tagen noch 50 % der Ursprungsaktivität vorhanden sind. Verstreichen weitere 8 Tage, sind

5

noch 25 % der Ursprungsaktivität da, nach 24 Tagen (= 3 · 8) sind es nur noch 12,5 % und nach 32 Tagen beträgt die Aktivität nur noch 6,25 % des Ursprungswerts usw.

Antwort: Die richtige Antwort muss also zwischen 24 und 32 Tagen liegen und lautet – dank der angegebenen Lösungsmöglichkeiten – 27 Tage.

5.1.2 Reaktionen 2. Ordnung

A + B ⇆ C oder auch 2 A ⇆ B, wobei auch hier – wie bei den Reaktionen 1. Ordnung – die Anzahl der Produkte variieren kann ohne die Reaktionsordnung zu beeinflussen.
Bei dieser Art von Reaktionen reagieren ZWEI Edukte zu einem oder mehreren Produkten. Die Reaktionsgeschwindigkeit ist hier also abhängig von der Konzentration beider Ausgangsstoffe (von Edukt A und B in Beispiel 1 oder von 2 mal Edukt A in Beispiel 2). Mathematisch lässt sich die Geschwindigkeit einer Reaktion 2. Ordnung daher wie folgt darstellen:

$$v = k \cdot [A] \cdot [B] \text{ oder } v = k \cdot [A]^2$$

v = Geschwindigkeit,
k = Geschwindigkeitskonstante (s. 5.2, S. 70)
A, B = Ausgangsstoff/Edukt

Bitte beachte bei den Fragen des schriftlichen Examens, dass eine Verdoppelung der Eduktkonzentration bei einer Reaktion 2. Ordnung NICHT zu einer Verdoppelung der Reaktionsgeschwindigkeit führt. Dieser Zusammenhang gilt nur für Reaktionen 1. Ordnung (s. 5.1.1, S. 68).
Außerdem solltest du noch wissen, dass

- bei allen Reaktionen – egal ob 1. oder 2. Ordnung – die Geschwindigkeit der Produktbildung während der gesamten Reaktionszeit abnimmt (Grund: die mit der Reaktionszeit abnehmende Reaktionsgeschwindigkeit/Eduktkonzentration, s. 5, S. 68).
- auch Reaktionen 2. Ordnung entweder reversibel oder irreversibel sein können.

5.2 Geschwindigkeitskonstante k

Dieser Begriff ist dir ja nun schon einige Male begegnet. Er steht oft in Gleichungen, die die Reaktionsgeschwindigkeit mathematisch ausdrücken, wie z. B.

- $v = k \cdot [A]$ für die Geschwindigkeit einer Reaktion 1. Ordnung und
- $v = k \cdot [A] \cdot [B]$ oder $v = k \cdot [A]^2$ für die Geschwindigkeit einer Reaktion 2. Ordnung.

Im Schriftlichen waren bislang Fragen nach der Geschwindigkeitskonstanten k recht beliebt. Um mit diesem Thema Punkte zu sammeln, solltest du dir besonders folgende Tatsachen einprägen:
Wie der Name GeschwindigkeitsKONSTANTE bereits andeutet, bleibt k einer chemischen Reaktion/Umsetzung über die gesamte Reaktionszeit konstant und zwar sowohl bei Reaktionen, die nach 1. Ordnung ablaufen, als auch bei Reaktionen 2. oder anderer Ordnung. Voraussetzung dafür ist allerdings, dass die Temperatur NICHT verändert wird. Die Geschwindigkeitskonstante k ist nämlich von der Temperatur abhängig oder mathematisch ausgedrückt: k ist eine Funktion der Temperatur. Hier gilt: Je höher die Temperatur, desto schneller läuft eine Reaktion ab.
Außer von der Temperatur wird die Geschwindigkeitskonstante auch durch die freie Aktivierungsenthalpie (Aktivierungsenergie ΔG^A) beeinflusst und kann daher mit deren Hilfe berechnet werden (s. 4.2, S. 61). Hier gilt: Je höher ΔG^A desto langsamer läuft eine Reaktion ab.

Ein weiterer prüfungsrelevanter Zusammenhang besteht zwischen der Gleichgewichtskonstanten K und den Geschwindigkeitskonstanten k der Hin- und Rückreaktion (s. 3.1.2, S. 25):

$$K = \frac{k_{(hin)}}{k_{(rück)}}$$

Frage: Welche Geschwindigkeitskonstante $k_{(rück)}$ hat die Dissoziation das Sauerstoffs vom Myoglobin? Die Geschwindigkeitskonstante $k_{(hin)}$ für die Bindung von Sauerstoff an Myoglobin sei $2 \cdot 10^7 \; l \cdot mol^{-1} \cdot s^{-1}$, die Gleichgewichtskonstante K für diese Reaktion betrage $10^6 \; l \cdot mol^{-1}$.

Zur Beantwortung dieser Frage löst du die Gleichung $K = k_{(hin)}/k_{(rück)}$ nach der gesuchten Geschwindigkeitskonstanten $k_{(rück)}$ auf:

$$k_{(rück)} = \frac{k_{(hin)}}{K}$$

Anschließend setzt du die Angaben aus der Frage in die Gleichung ein:

$$k_{(rück)} = \frac{2 \cdot 10^7 \; l \cdot mol^{-1} \cdot s^{-1}}{10^6 \; l \cdot mol^{-1}}$$

Nach dem Kürzen von l/mol musst du noch wissen, dass du zum Dividieren von Potenzen die Hochzahlen von einander abziehst:

$$k_{(rück)} = \frac{2 \cdot 10^7 \cdot s^{-1}}{10^6}$$

$10^7 - 10^6$ ergibt 10 und daher
$k_{(rück)} = 2 \cdot 10 \; s^{-1}$,
was $20 \; s^{-1}$ und einen weiteren Punkt im Examen ergibt.

Unabhängig ist k dagegen von der **Eduktkonzentration**, eine Tatsache, die dir bei Betrachtung der Gleichungen $v = k \cdot [A]$, $v = k \cdot [A] \cdot [B]$ und $v = k \cdot [A]^2$ sicherlich klar wird: Die Reaktionsgeschwindigkeit v – nicht jedoch k – hängt nämlich von der Eduktkonzentration ab. Hier ist mal wieder sorgfältiges Lesen der Fragen angesagt.

Übrigens ...
In Reaktionszyklen wie dem Citratzyklus haben die Teilschritte unterschiedliche Geschwindigkeitskonstanten. Diese Tatsache lässt sich bestimmt leichter behalten, wenn du an das Stichwort Schrittmacherreaktion denkst (s. 5.3, S. 71). Darunter versteht man ja den langsamsten, und damit geschwindigkeitsbestimmenden, Teilschritt einer Reaktionskette. Wo es einen langsamsten Teilschritt gibt, muss es aber auch schnellere und damit andere Geschwindigkeitskonstanten geben ...

5.3 Geschwindigkeitsbestimmender Teilschritt

Zu diesem Thema kamen bislang nur Bildfragen. Daran sollte man erkennen, welche Teilreaktion geschwindigkeitsbestimmend für die Gesamtreaktion ist. Wenn du dir aus dem Energetikkapitel (s. 4.2, S. 61) gemerkt hast, dass das immer der Teilschritt mit der höchsten Aktivierungsenergie ist, hast du das auch schon geschafft und wieder einen Punkt mehr.

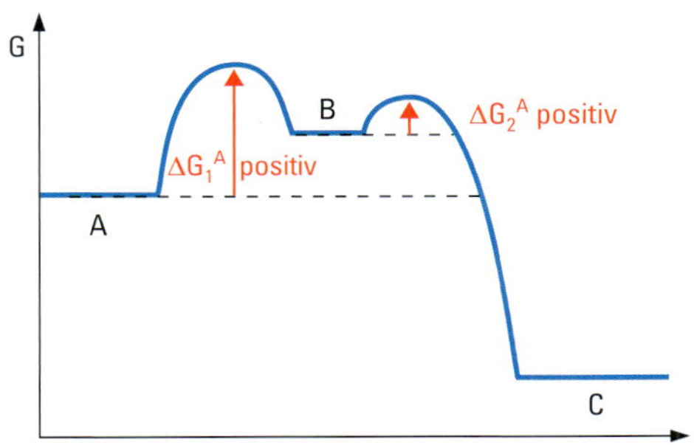

Abb. 24: Geschwindigkeitsbestimmender Teilschritt ist ΔG_1^A, da $\Delta G_1^A > \Delta G_2^A$

medi-learn.de/7-ch1-24

5.4 Enzymkinetik

Den krönenden Abschluss des Anorganikskripts und dabei gleichzeitig den Übergang zur Organik und Biochemie bildet die Enzymkinetik (mehr dazu s. Skript Biochemie 2). Bevor du jetzt gleich anfängst zu stöhnen, hier einige beruhigende Worte: Die Analyse der Fragen ergab, dass aus diesem Themenbereich bislang fast immer nur nach der Michaelis-Konstante gefragt wurde; das aber wiederum sehr häufig.

Einzige Ausnahme war eine Frage nach der Maximalgeschwindigkeit (s. 5.4.2, S. 73). Grund genug also, sich KM genauer anzusehen:

5.4.1 Michaelis-Konstante (KM)

Was du zunächst unbedingt auswendig lernen solltest, ist die Definition der Michaelis-Konstante KM.

Merke!

Die Michaelis-Konstante KM ist die Substratkonzentration bei halbmaximaler Geschwindigkeit ($V_{max}/2$) einer enzymatischen Reaktion. Da es sich bei KM um eine Konzentrationsangabe handelt, ist ihre Einheit **mol/l**.

Hier empfiehlt es sich wieder, die Fragen ganz genau zu lesen. KM wurde nämlich schon des Öfteren als Enzymkonzentration angepriesen, was aber falsch ist. Richtig hingegen ist, dass die Substratkonzentration KM bei **konstanter Enzymmenge** bestimmt wird.
Wie du in Abb. 25 erkennen kannst, ist **KM unabhängig von der Substrat-/Eduktkonzentration.** Ebenso **unabhängig ist KM von der Enzymkonzentration:** Die Enzymkonzentration muss einfach konstant sein. Wie hoch sie ist, spielt dagegen für den KM-Wert keine Rolle.

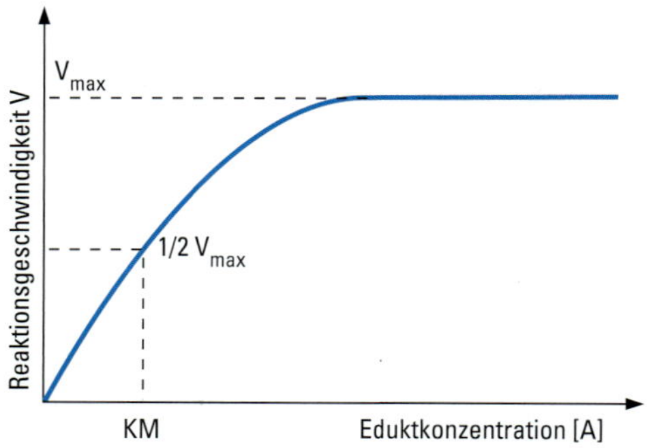

V_{max} = Maximalgeschwindigkeit
KM = Michaelis-Konstante bei konstanter Enzymmenge

Abb. 25: Michaelis-Konstante (KM)

medi-learn.de/7-ch1-25

Jetzt wo du weißt, was die Michaelis-Konstante ist, stellt sich natürlich die Frage, wozu man KM braucht. Dazu solltest du dir merken, dass in der Enzymkinetik die Michaelis-Konstante ein Maß für die **Affinität eines Enzyms zu seinem Substrat** ist. Hier gilt: Je größer KM, desto geringer die Affinität des Enzyms zum Substrat. Oder anders ausgedrückt: Je mehr Substrat man benötigt, um ein Enzym zu sättigen, desto geringer ist dessen Anziehungskraft gegenüber diesem Substrat.

Beispiel

Ist bei einem Patienten die Michaelis-Konstante KM eines Enzyms von 6 mmol/l auf 2 mmol/l erniedrigt, so benötigt dieser, um ½ V_{max} zu erreichen, eine geringere Substratkonzentration. Wie hoch die Maximalgeschwindigkeit V_{max} ist, ist dabei egal. In der als Vorbild dienenden Physikumsfrage durfte man also die Angabe, dass V_{max} (pro mg Enzym) von 90 U auf 0,2 U verkleinert war, getrost ignorieren.

Vergleicht man den KM-Wert verschiedener Isoenzyme für ein und dasselbe Substrat miteinander, so zeigt sich, dass **Isoenzyme für gleiche Substrate unterschiedliche Michaelis-Konstanten** und damit auch unterschiedliche Affinitäten haben.
Die restlichen Fragen zum Thema Michaelis-Konstante beschäftigten sich mit dem Einfluss kompetitiver und nichtkompetitiver Inhibitoren (Hemmstoffe) auf den KM-Wert. Dazu sollte dir zunächst einmal klar sein, was diese Begriffe überhaupt bedeuten:

- Ein kompetitiver Inhibitor bindet an die gleiche Bindungsstelle (aktives Zentrum) eines Enzyms wie das Substrat und behindert daher die Substratbindung.
- Ein nichtkompetitiver Inhibitor bindet an eine andere Stelle des Enzyms als das Substrat und beeinträchtigt daher zwar NICHT

die Substratbindung selbst, behindert dafür aber die Umsetzung des Substrats zum Produkt.

Durch einen kompetitiven Inhibitor wird folglich der KM-Wert erhöht, da mehr Substrat benötigt wird, um die halbmaximale Geschwindigkeit zu erreichen (den Hemmstoff vom aktiven Zentrum zu verdrängen).

Durch einen nichtkompetitiven Inhibitor bleibt dagegen KM unbeeinflusst, da die Substrate ja weiterhin ungehindert binden können, und nur die Maximalgeschwindigkeit V_{max} der Umsetzung gesenkt wird. Zum Erreichen der (niedrigeren) Halbmaximalgeschwindigkeit wird also immer noch dieselbe Substratkonzentration benötigt.

5.4.2 Maximalgeschwindigkeit (V_{max})

Die Maximalgeschwindigkeit einer enzymatischen Reaktion ist die Geschwindigkeit, bei der die Umsetzung des Substrats zum Produkt am schnellsten ist oder mit anderen Worten: Bei V_{max} erreicht die Umsetzungsgeschwindigkeit ihr Maximum. Wichtig für die Fragen des Schriftlichen ist, dass die Geschwindigkeit einer enzymkatalysierten Reaktion – und damit auch V_{max} – genaugenommen nur von der Bildung des Produkts aus dem Enzym-Substratkomplex (ES) abhängt.

Für eine allgemeine enzymatische Reaktion

E + S → ES → E + P

mit E = Enzym, S = Substrat und P = Produkt bedeutet das, dass der zweite Reaktionsschritt der langsamste und damit der geschwindigkeitsbestimmende für die Maximalgeschwindigkeit der Gesamtreaktion ist.

Neben dieser Tatsache musste man zur richtigen Beantwortung der V_{max}-Fragen bislang noch wissen, dass

- V_{max} – wie jede andere Reaktionsgeschwindigkeit auch – den **Substratumsatz pro Zeit** angibt,
- bei V_{max} praktisch alle **Enzyme als Enzym-Substratkomplex** vorliegen und daher die **Konzentration freier Enzyme nahe Null** liegt (= keine freien Enzyme mehr da sind),
- sich bei V_{max} die Substratkonzentration im Sättigungsbereich befindet, was bedeutet, dass hier trotz weiterer Substratzugabe die Umsatzgeschwindigkeit eben nicht mehr zu steigern (maximal) ist (s. Abb. 25, S. 72) und
- bei V_{max} der **Substratumsatz direkt proportional zur Enzymkonzentration** ist; d. h.: Würde man bei Substratsättigung die Enzymkonzentration verdoppeln, so würde sich auch V_{max} verdoppeln (um 100 % größer sein)

Bei einer Reaktion, die mit Maximalgeschwindigkeit abläuft, ist die Umsatzgeschwindigkeit UNABHÄNGIG von der Substratkonzentration KONSTANT (s. Abb. 25, S. 72).

5

DAS BRINGT PUNKTE

Der Spitzenreiter unter den Punktebringern ist in der Kinetik die **Enzymkinetik** und dort wiederum die Michaelis-Konstante KM. Wenn du dir dazu merkst, dass

- die Michaelis-Konstante der Substratkonzentration entspricht, bei der die halbmaximale Geschwindigkeit einer enzymatisch katalysierten Reaktion erreicht ist,
- die Michaelis-Konstante die Dimension einer Konzentration und damit die Einheit mol/l hat und
- die Michaelis-Konstante in der Enzymkinetik ein Maß für die Affinität eines Enzyms zu seinem Substrat ist,

sind dir wertvolle Punkte sicher.

Zu **Reaktionen**, die mit Maximalgeschwindigkeit ablaufen, solltest du wissen, dass deren Umsatzgeschwindigkeit unabhängig von der Substratkonzentration ist.

Zum Thema **Reaktionsordnungen** wurde schon des Öfteren gefragt, dass

- bei chemischen Umsetzungen, die nach einer Kinetik 1. Ordnung verlaufen, die Reaktionsgeschwindigkeit $-dc_A/dt$ während der gesamten Reaktionszeit abnimmt,
- eine Verdoppelung der Konzentration eines Edukts X bei einer Reaktion 1. Ordnung (Vorsicht: NICHT bei einer Reaktion 2. Ordnung) zu einer Verdoppelung der Reaktionsgeschwindigkeit führt und
- bei einer Reaktion 1. Ordnung die Halbwertszeit eine Konstante ist.

Zur **Geschwindigkeitskonstante** k solltest du wissen, dass

- zwischen der Gleichgewichtskonstanten K und den Geschwindigkeitskonstanten k der Hin- und Rückreaktion folgender Zusammenhang besteht:

  $$K = \frac{k_{(hin)}}{k_{(rück)}}$$

- die Teilschritte in Reaktionszyklen wie dem Citratzyklus unterschiedliche Geschwindigkeitskonstanten haben.

Die Fragen zu **gekoppelten Reaktionen** ließen sich beantworten, wenn man in einem Reaktionsschema (s. Abb. 24, S. 71) erkannte, welches der geschwindigkeitsbestimmende Teilschritt für die Gesamtreaktion war (der mit der höchsten Aktivierungsenergie).

FÜRS MÜNDLICHE

Bevor du dich nach getaner Arbeit entspannt zurück lehnen kannst, beantworte doch noch die letzten Fragen – dieses Mal zur Kinetik:

1. **Nennen Sie mir bitte ein medizinisch relevantes Beispiel für eine Reaktion 1. Ordnung.**
2. **Erläutern Sie, wie sich die Geschwindigkeit im Laufe einer chemischen Reaktion verändert.**
3. **Wie viele Produkte sind Ihrer Meinung nach an einer Reaktion 2. Ordnung beteiligt?**
4. **Woran erkennen Sie den geschwindigkeitsbestimmenden Teilschritt einer Reaktionskette?**

FÜRS MÜNDLICHE

5. **Womit beschäftigt sich Ihrer Meinung nach die Enzymkinetik?**

6. **Erläutern Sie bitte den Begriff Michaelis-Konstante KM.**

7. **Nennen Sie mir bitte ein Beispiel für eine medizinisch relevante Enzymhemmung.**

1. Nennen Sie mir bitte ein medizinisch relevantes Beispiel für eine Reaktion 1. Ordnung.
Zerfall eines radioaktiven Elements wie z. B. ^{3}H, ^{14}C und ^{123}I. Diese Elemente dienen als Tracer in der Labormedizin (^{3}H und ^{14}C) oder zur Radiotherapie der Schilddrüse (^{123}I).

2. Erläutern Sie, wie sich die Geschwindigkeit im Laufe einer chemischen Reaktion verändert.
Am Anfang ist die Reaktionsgeschwindigkeit am höchsten. Im Laufe der Reaktion nimmt sie immer weiter ab und erreicht schließlich im Gleichgewichtszustand den Wert Null (Hin- und Rückreaktion laufen gleich schnell ab, s. 3.1.1, S. 24).

3. Wie viele Produkte sind Ihrer Meinung nach an einer Reaktion 2. Ordnung beteiligt?
Das lässt sich nicht pauschal sagen. Die Reaktionsordnung gibt nur Auskunft darüber, wie viele Edukte an einer chemischen Reaktion beteiligt sind.

4. Woran erkennen Sie den geschwindigkeitsbestimmenden Teilschritt einer Reaktionskette?
An der Aktivierungsenergie. Der Teilschritt mit der höchsten Aktivierungsenergie ist geschwindigkeitsbestimmend für die Gesamtreaktion. Er ist der langsamste Teilschnitt einer Reaktionskette.

5. Womit beschäftigt sich Ihrer Meinung nach die Enzymkinetik?
Sie beschreibt die Veränderung der Substrat- und Produktkonzentrationen über die Zeit während einer enzymkatalysierten Reaktion.

6. Erläutern Sie bitte den Begriff Michaelis-Konstante KM.
KM ist ein Maß für die Substrataffinität eines Enzyms und definiert als die Substratkonzentration in mol/l bei halbmaximaler Geschwindigkeit.

7. Nennen Sie mir bitte ein Beispiel für eine medizinisch relevante Enzymhemmung.
Ein Beispiel für eine kompetitive Enzymhemmung ist der Vitamin K-Antagonist Cumarin, der auf diese Weise die Biosynthese von Blutgerinnungsfaktoren hemmt.

Pause

Geschafft! Hier noch ein kleiner Cartoon als Belohnung ...
Und dann kann fleißig gekreuzt werden!

Mehr Cartoons unter www.medi-learn.de/cartoons

Index

Index